COMPLEXITATEA UNIVERSULUI ŞI LIMITELE CUNOAŞTERII

(ESEU DE COSMOLOGIE FICŢIONALĂ)

CONSTANTIN M. N. BORCIA

PRECIZARE

Lucrarea are un caracter ştiinţifico-fantastic şi filozofic, reunind mai multe consideraţii şi ipoteze privind aspecte fundamentale ale existenţei, ale cunoaşterii şi ale conştiinţei. Este o încercare de prezentare a cosmologiei ficţionale... Printre problematicile abordate în lucrare se pot consemna următoarele:

- Cunoaştere şi ipoteză - sunt prezentate câteva consideraţii şi idei generale referitoare la cunoaştere şi la influenţa tehnologiei asupra demonstrării sau invalidării ipotezelor sau teoriilor ştiinţifice.

- Conservarea generalizată şi echivalenţa generalizată - prezintă unele consideraţii teoretice, conform cu ideea că în orice proces cantităţile de substanţă (masă), energie şi informaţie sunt constante (se conservă). Conservarea generalizată implică echivalenţa generalizată: cantităţile de substanţă, de energie şi de informaţie sunt echivalente. Un caz particular de echivalenţă, spre exemplu, a fost evidenţiat de către Albert Einstein, prin celebra formulă $E = m \times c^2$, prin care se arată echivalenţa dintre energie şi masă (substanţă). Relaţiile de echivalenţă dintre masă şi informaţie, energie şi informaţie sunt, se pare, mult mai complicate. Noţiunile de substanţă, energie, informaţie sunt definite în lucrare şi sunt înţelese într-un cadru mai general decât în mod obişnuit.

- Consideraţii filozofice despre spaţiu şi timp – se prezintă, spre exemplu ideea de spaţiu cu dimensiune fracţionară şi complexă (ideea de transdimensiune).

- Ipoteză despre MARELE UNIVERS - ceea ce cunoaştem despre Univers, este numai un fragment, de fapt Universul este o componentă dintr-un ansamblu extrem de complex, respectiv este integrat într-o structură mult mai complexă decât ne putem imagina (numită *hiperstructură*), spaţiul, timpul, câmpurile fizice, etc., nu sunt singurele atribute sau forme de existenţă ale Universului înglobat în acest ansamblu foarte complex (numit şi *HIPERUNIVERS* sau *MARELE UNIVERS*), ceea ce pare să rezulte din conservarea generalizată şi din echivalenţa generalizată.

*

Dedic această carte cercetătorilor, cărturarilor, gânditorilor, visătorilor, care au avut curajul de a explora necunoscutul...

MULȚUMIRI

Mulțumesc din nou MAMEI mele Niculina A. Borcea...

Mulțumesc ca și până acum, cărților și filmelor care m-au format și m-au educat și care m-au salvat de la o moarte spirituală sigură...

De asemenea mulțumesc foarte mult domnului Nicolae Sfetcu pentru consilierea compentă în ceea ce privește publicarea acestei cărți.

Mulțumesc domnului Sergiu Ioan pentru traducerea în limba engleză a unui fragment din text.

CUPRINS

„Orice ființă gânditoare va găsi mai curând sau mai târziu adevărul pe orice căi va umbla."
NOVALIS
(Șt. I. Manoliu – „Despre Om și Univers", Ediția a II-a, 1936)
*

„Care este soarta Universului ?
Reprezintă el o stare de permanență inalterabilă a ansamblului mijlociu al elementelor cari populează spațiul, sau, dimpotrivă, se îndreaptă către un sfârșit deosebit de forma sub care ne apare astăzi ?
Mai mult ca oricând trebuie să lăsăm științei viitoare, îmbogățirea cu nuoi cuceriri, grija de a răspunde... dacă de fapt ar putea-o face într-o zi, cu oarecare certitudine." *
*

„... oare putem noi afirma că legile fizicii de astăzi vor fi și cele de mâine... peste trilioane de ani ?... pentru că în astronomie așa trebuie să se socotească timpul. Fizica de asemenea este relativă; ea este totalitatea legilor cari conduc realitățile materiale sau energetice în esența, formele și reacțiunile lor actuale; ea n-ar putea avea existență proprie în afara acestor realități. Mâine... peste trilioane ani, sau mult încă, această natură intimă a lucrurilor n-ar putea să se schimbe și fizica ce le-ar fi aplicabilă să se deosebească de aceea pe care o cunoaștem ? Cine ar putea spune că vitesa luminii este constantă de când, că unitățile noastre de măsură sunt inalterabile, că radiațiunile luminoase, îmbătrânind timpul nu se modifică, că forțele gravitației rămân etern aceleași, la această scară a măsurii timpurilor."
E. ESCLANGON – „Zece lecțiuni de Astronomie" – Atelierele „Adevărul", București, 1933 (În românește de Candid C. Mușlea și Stelian Gh. Mărculescu, pag. 121, 122)

.

INTRODUCERE

Între datele furnizate de aparatura de observație sau de experiment și interpretarea datelor, pe măsură ce informațiile rezultate sunt mai complicate și mai profunde, există un decalaj de timp, respectiv timpul necesar pentru prelucrarea datelor este mai mare. Spre exemplu, există un decalaj mare între datele furnizate de sateliții și sondele spațiale și studierea, analizarea și interpretarea datelor și în consecință, luarea unor decizii sau soluționerea unor probleme majore este întârziată. Pe de altă parte, există situații când sunt necesare ipotezele, atunci când datele de observație sau experimentale nu sunt disponibile, sunt insuficiente sau nu pot fi obținute din diferite motive. În aceste condiții crearea unor ipoteze, formulate cu mult înainte de obținerea datelor, este utilă, chiar dacă ulterior acestea se vor dovedi false, inconsistente sau poate naive. O astfel de situație este constituită de problemele legate de conservarea masei și energiei și extinderea conservării și asupra informației; de aici, implicațiile acestei extinderi în domenii limită ale cunoașterii cum sunt domeniile cosmologiei și astrobiologiei. Aceste ipoteze sunt propuse ca urmare a încercărilor de a răspunde la anumite întrebări referitoare la Univers precum și la existența vieții în Univers.

Riscul este major, pentru că se poate obiecta că ipotezele sunt prea fanteziste, poate prea naive sau dimpotrivă. Totuși, orice încercare poate fi utilă, pentru oricine este binevoitor și lipsit de prejudecăți... Problema referitoare la conservarea și echivalența generalizată este mai abstractă, nu este ceva ce se poate concretiza, cel puțin deocamdată, tot așa cum inițial principiile mecanicii cuantice nu s-au putut înțelege și concretiza... Aceasta nu este un lucru simplu și necesită un anumit efort de imaginație și de abstractizare... Totuși voi încerca să explic cumva...

Conservarea generalizată – Lavoisier enunțase celebra lege a conservării, prin enunțul cunoscut că... "nimic nu se pierde, nimic nu se câștigă, totul se transformă... "

Enunțul este valabil pentru substanță (masă) și energie... O hârtie care arde, spre exemplu, nu "dispare", se transformă în... cenușă și energie... Exemplele sunt numeroase și nu insist... Eu am extins aceasta, și pentru informație...

" *În orice proces, cantitățile de substanță (masă), energie și informație nu se pierd, nu se câștigă, ci se transformă...* "

Această completare este esențială. Revenind la exemplu, o bucată de hârtie conține și informație, inclusă în structura chimică a hârtiei. Într-adevăr, atomii de carbon, de hidrogen, de oxigen care formează hârtia, se ordonează într-un anumit mod, iar această ordonare este de fapt o caracteristică a unui tip de informație. Informația, ca și energia, poate fi de mai multe feluri... Noțiunea de informație are un înțeles mai profund, înseamnă mult mai mult, înseamnă spre exemplu capacitatea unui sistem de a genera o structură... Toată această informație se transformă, așadar ! Este un exemplu pentru a înțelege pentru că urmările sau consecințele sunt incalculabile !

Mai departe, referitor la echivalența generalizată...

Einstein a formalizat transformarea dintre masă (substanță) și energie, în celebra formulă $E = m \times C^2$ adică energia E este egală cu masa **m** înmulțită cu viteza luminii **C** la pătrat... Orice variație a masei implică o variație a energiei și invers ($\Delta E = c^2 * \Delta m$). Altfel spus, masa (substanța) este echivalentă cu energia... Toate procesele nucleare din stele sau din bombele termonucleare se bazează pe această transformare sau echivalență dintre masă (substanță) și energie... Aici, de asemenea, am generalizat și am presupus că există astfel de formule și pentru cantitatea de informație și respectiv cantitatea de energie sau cantitatea de substanță (masă)... Adică o cantitate de substanță se poate transforma într-o cantitate de informație și invers; orice variație a masei implică o variație a informației și invers. O cantitate de energie se poate transforma într-o cantitate de informație și invers; orice variație a energiei implică o variație a informației și invers... Echivalențele acestea sunt mult mai subtile…

Problema este de a formaliza, adică de a găsi formule matematice adecvate, ceea ce este extrem de dificil, pentru că aceste formule sunt mult mai complicate decât formula lui Einstein, după cum se pare... Să încerc o analogie pentru a înţelege cât de cât... Când vrei să construieşti o casă, spre exemplu, foloseşti mai întâi o anumită cantitate de informaţie conţinută în scheme, în diagrame, calcule de construcţie, în măsurători, în... propria experienţă, care apoi este convertită (transformată) în substanţă (masă) şi energie (adică: materiale de construcţie şi unelte, energia utilizată de instalaţii sau maşini, etc.) ! Numai pe baza acestor informaţii se face apoi construcţia – care construcţie înseamnă de fapt... beton, sticlă, oţel... adică substanţă precum şi energie (se consumă energie pentru transport, motoare electrice, etc.)... Se poate continua cu exemple din natură... Moleculele de ATP (molecule de energie ale organismului; ATP înseamnă acid adenozintrifosforic) se găsesc spre exemplu în muşchi şi prin transformarea lor în energie, organismele care au sistem muscular se pot mişca ! Aceste molecule conţin pe lângă energie şi informaţie (informaţia este stocată în... ordinea specifică pe care o au în moleculă, atomii de fosfor, carbon, oxigen...) ! Informaţia codată în moleculă este transformată apoi în energie !...

În general, se poate spune că atunci când se realizează un echilibru optim între ENERGIA, SUBSTANŢA ŞI INFORMAŢIA UNIVERSULUI, atunci este îndeplinită condiţia primordială pentru apariţia şi dezvoltarea vieţii. Fără acest echilibru, viaţa nu poate exista...

Ideile de conservare generalizată şi de echivalenţă generalizată nu au apărut acum... În decursul timpului, au existat diferite concepţii, au existat diverşi filozofi, care au exprimat astfel de idei...

- Budismul – filozofia indo-tibetană – exprimă ideea de iluzie (maya) – lumea este o iluzie; substanţa, energia, informaţia, care par a fi distincte, în realitate nu sunt, acestea sunt echivalente...

- Heraclit – afirmă că lumea este într-o continuă schimbare, că nimic nu este stabil, că nimic nu se pierde, că totul se transformă, (*"totul curge"*); de asemenea a mai afirmat că totul în lume are o ordine specifică, numită *"logos"*...

- Platon – arată că lumea ideilor, de unde se nasc toate celelalte lucruri din lumea concretă este eternă, ideile reprezintă de fapt "programe" de structurare a Universului, informaţii fundamentale...

- Biblia – Ecleziastul şi Noul Testament – aici se scrie: *"Nimic nu e nou sub soare...*", "*... la început a fost cuvântul...*" Prin aceasta se arată clar ideea de conservare a informaţiei – din moment ce nimic nu este nou sub soare şi că la început a fost cuvântul, reiese că nici informaţia nu se pierde, se conservă şi se transformă ca şi substanţa şi energia.

- <u>Arthur Schopenhauer</u> – filozofia acestuia se bazează pe ideea de voinţă şi de reprezentare, *"lumea este reprezentarea mea..."*, este arătat clar că voinţa este o componentă fundamentală a Universului, iar voinţa oarbă de a trăi, de a exista este impusă de funcţionarea şi structurarea Universului, care "are nevoie" de viaţă, iar biosfera ca acumulatoare, generatoare, disipatoare şi reglatoare de informaţie, substanţă şi energie îndeplineşte tocmai o anumită funcţie fundamentală în stabilitatea Universului...

- <u>Lavoisier</u> – a formulat foarte clar ideea de transformare şi de conservare a energiei; pornind de aici, se poate generaliza şi pentru substanţă şi informaţie.

- <u>Albert Einstein</u> – a formulat clar ideea de echivalenţă a energiei şi a masei, de unde se poate extinde ideea de echivalenţă şi pentru informaţie.

S-a observat că toate lucrurile se află în ceva, formează CEVA, iar acest ceva este... UNIVERSUL !... Este exprimată de fapt ideea de UNICITATE; dar unicitatea implică pluralitatea sau diversitatea. Aceasta implică mai departe că Universul nu este decât un "fragment", o porţiune dintr-un ansamblu mult mai complicat, încă necunoscut... Proprietăţile materiei, spaţiului şi timpului se schimbă într-o măsură mai mică sau mai mare, putând apare şi alte proprietăţi sau chiar alte atribute sau entităţi. Pe de altă parte, ce face ca spaţiul în care trăim să aibe trei dimensiuni ? Ce determină organizarea spaţială tridimensională a materiei ? De ce nu sunt mai multe sau mai puţine dimensiuni ale spaţiului ? De ce spaţiul nu are şi dimensiuni fracţionare (sau iraţionale) sau dimensiuni negative ?

Se poate considera că acest ansamblu din care face parte Universul nostru, are o hiperstructură anumită sau, altfel spus, Universul nostru este un fragment din acest ansamblu, tot aşa cum, spre exemplu, un organ este un fragment dintr-un organism, iar un organism este un fragment dintr-un ecosistem, iar un ecosistem este un fragment din biosferă... Această hiperstructură nu este limitată numai de spaţiu şi timp; pentru a delimita hiperstructura este necesar să se studieze şi alte proprietăţi şi alte atribute ale existenţei alături de spaţiu şi timp (acestea se pot numi entităţi generalizate – definesc hiperstructura materiei)...

Așadar, Universul este o structură înglobată într-o altă structură...
Albert Ducrocq a surprins acest aspect, scriind următoarele:

"Ordinea din cosmos nu s-ar datora oare unor structuri care, la rândul lor, ar fi produsul altor structuri ?"

(Albert Ducrocq – *"Romanul materiei"*, Editura Științifică, București, 1966)

Putem considera că Universul este un "sistem automat" deosebit de complex ? Acest sistem este înglobat în alt ansamblu, de care este influențat și asupra căruia acționează ?

Sunt întrebări la care se poate răspunde afirmativ...

1. CÂTEVA CONSIDERAȚII FILOZOFICE

Ipotezele, cel puțin unele dintre ele, sunt influențate de concepția filozofică, având așadar, un caracter general și aproximativ. Ipotezele se schimbă (în termeni filozofici s-ar putea afirma că "devin", ipotezele sunt diverse, au diverse forme de exprimare și au un anumit grad de idealizare. Mai înainte de toate însă, ar trebui să se răspundă la anumite întrebări fundamentale, cum ar fi: Ce este devenirea ? Ce este diversitatea ? Ce este materia ? Ce este spiritul ? Ce este idealizarea ? Ce este conștiința ?...

Devenire și diversitate

Devenirea, în concepția lui Hegel, reprezintă sinteza existenței cu neantul, iar la Heraclit apare sub formă metaforică, "totul curge". Devenirea, așadar este unitatea existenței și a non-existenței, întrucât orice lucru fiind în permanentă schimbare, este în necontenită trecere de la non-existență la existență și invers, de la existență la non-existență – ceva este și nu este... Contrariul devenirii este *eternitatea...*

Prin *diversitate* putem înțelege, multilateralitatea lucrurilor, proceselor, fenomenelor, respectiv proprietatea de a nu fi aceleași, asemenea, ci altceva, diferit, non-identic, ALTUL...

Contrariul devenirii este *identitatea...*

Devenirea și diversitatea se implică reciproc: devenirea este ȘI nu este în același timp, iar diversitatea este ceea ce este SAU nu este în același timp. Altfel spus, dacă diversitatea presupune o extindere, o consistență, în conținut și formă, a unui ceva, a unui lucru, devenirea presupune un proces, o desfăşurare, în conţinut şi formă a acelui ceva, a acelui lucru. Materia şi spiritul sau conştiinţa sunt moduri sau forme ale existenţei, care sunt în devenire şi sunt diverse. Materia exprimă ceva ce se manifestă şi se reprezintă raportat la altceva, respectiv la spirit sau la conştiinţă; MATERIA ŞI SPIRITUL se implică reciproc, la fel ca şi devenirea şi diversitatea. Atât materia cât şi spiritul aşadar, sunt în devenire şi sunt diverse. Raportul (sau legătura) dintre materie şi spirit este reflectat de fapt prin realitate şi prin cunoaştere, respectiv prin raportul dintre obiectul de cunoscut şi subiectul cunoscător. Altfel spus, materia şi spiritul nu sunt izolate sau separate absolut, între aceste forme sau moduri de existenţă are loc o interacţiune definită prin realitate şi prin cunoaştere, iar delimitarea acestei interacţiuni se face în subsidiar prin raportul dintre obiectul de cunoscut (realitatea) – ceea ce poate fi cunoscut, ceea ce este obiectiv şi subiectul cunoscător (cunoaşterea) – ceea ce trebuie cunoscut, ceea este subiectiv. În contextul realităţii şi al cunoaşterii, un aspect important îl constituie restul şi non-sensul.

Noţiunea de *rest* cuprinde "tot ceea ce se află în afara cunoaşterii".

Restul, este de două feluri: *rest potenţial sau posibil* – acea porţiune a realităţii care nu este cunoscută, dar care este susceptibilă de a fi şi *rest extern* – porţiune a realităţii care nu este cunoscută şi nici nu poate fi (zonă inaccesibilă) şi care poate fi numai presupusă.

Nu tot ceea ce există poate fi cunoscut şi nu tot ceea ce poate fi cunoscut, există... Cu toate acestea, cine nu cunoaşte, nu există şi cine nu există, nu poate fi cunoscut...

Noi nu putem cunoaşte realitatea obiectivă în totalitate, ci numai aceea care este compatibilă cu noi (cu structurile şi procesele "noastre"), iar aceea care nu este compatibilă devine vag, confuz, de nepătruns...

Ceea ce se cunoaşte nu este, de fapt realitatea pură ci realitatea "transfigurată", la a cărei percepere participă şi subiectul cunoscător însuşi, deformând informaţiile senzoriale şi logice. Ceea ce este cunoscut este totdeauna, sub o formă sau alta, un *raport*, aceasta înseamnă alegerea unui *referenţial* şi a unui *set de criterii* de raportare la referenţial. Se poate spune că aceste raporturi fie au *un anumit sens*, fie sunt absurde, adică nu au sens. Ceea ce reprezintă non-sensul, depăşeşte puterea de cunoaştere şi de înţelegere a subiectului cunoscător şi dispare din câmpul cunoaşterii. Când se pune problema existenţei, spre exemplu, se urmăreşte excluderea restului din cunoaştere, existenţa cuprinde totul, nu este nimic în afara existenţei... Totuşi, chiar şi existenţa, o categorie de mare generalitate, nu este absolută – "apar" şi alte categorii "mai generale" decât existenţa însăşi... Pe de altă parte, subiectul cunoscător va avea, în funcţie de caracteristicile sale, o zonă a existenţei ce va trebui să fie cunoscută, o zonă în curs de cunoaştere, o zonă ce poate fi cunoscută (accesibilă) şi încă o zonă, inaccesibilă. Non-sensul, aşadar, indică *inaccesibilitatea* cunoaşterii (de principiu sau momentană).

Despre idealizare

În cadrul cunoaşterii sunt necesare idealizările, adică simplificările şi abstractizările.

O idealizare o constituie noţiunea de *infinit*. Ar reprezenta ceva fără sfârşit, ar fi, de fapt, negaţia finitului. Finitul este ceva concret, observabil, "de aici şi până aici". Infinitul este echivalent non-finitului: pare să nu aparţină experienţei nemijlocite, pare să fie o derivare impusă de însăşi procesualitatea cunoaşterii.

Se pare că infinitul nu este nici existenţă, nici neant, pare să fie un "produs" al cunoaşterii, o categorie prin care (sau cu ajutorul căreia) subiectul cunoscător poate cunoaşte lumea, dar nu poate fi o realitate efectivă, nu poţi afirma că... "acesta este infinitul"... Pare să fie o nedeterminare. Afirmând - "lumea este infinită" sau "existenţa este infinită", am subliniat o *calitate* a lumii, o proprietate; se pare, aşadar, că infinitul este o calitate, o însuşire, o proprietate: se spune că această lume este infinită, acest spaţiu este infinit, acest timp este infinit, această divizibilitate este infinită, etc., (este, din punct de vedere logic un *predicat*); şi chiar mai mult decât atât, infinitul este de fapt o "proprietate a proprietăţii", deoarece şi spaţiul, timpul, divizibilitatea, etc., despre care s-a afirmat că sunt infinite, acestea, spaţiul, timpul, divizibilitatea, sunt de fapt atribute, sunt proprietăţi ele însele (respectiv sunt proprietăţi ale existenţei)...

Aşadar, infinitul pare să fie o derivaţie, o abstracţie, mai curând decât ceva real, concret, este o construcţie mentală indispensabilă cunoaşterii; nu putem afirma despre infinit că există sau nu. Infinitul există şi nu există, concomitent...

O altă categorie oarecum asemănătoare infinitului este *absolutul*. Pare să exprime tot o calitate, pare să fie tot o construcţie mentală, ajutătoare, mai degrabă decât o categorie extrasă din experienţa nemijlocită. În fond nu putem afirma despre un lucru oarecare că este absolut: tot ceea ce este absolut este relativ şi tot ceea ce este relativ este absolut – iată ceva foarte interesant !

Neantul este o generalizare a non-existenţei, este de asemeni o nedeterminare, o construcţie mentală. Să presupunem că există neantul. Observăm că din moment ce am presupus că *există* neantul am inclus de fapt existenţa – prin simplul aspect că există neant, am presupus aşadar existenţa ca atare (aşadar aceasta implică o existenţă proprie a neantului). Pe de altă parte, dacă am afirma, "nu există neant", din moment ce afirmăm că neantul nu există, asta ar implica faptul că "există numai ceea ce există". În ambele cazuri, fie în cazul afirmării, fie în cazul negării neantului, *existenţa în sine* rămâne ca fundament; aceasta implică, se pare, o existenţă a existenţei şi o existenţă a neantului. Ceea ce înseamnă că, de fapt, existenţa şi neantul sunt *modalităţi*, două calităţi diferite, chiar incompatibile; ambele implică *altul, altceva...*

Non-existenţa are sens numai ca particularitate ca specificitate (nu există cutare lucru) dar nu are semnificaţie ca generalitate, nu are sens o non-existenţă generalizată.

Existenţa, aşadar se divide, în *existenţă determinată* şi *existenţă nedeterminată.*

Între existenţă şi determinare se pot stabili următoarele raporturi:

- lucru existent şi determinat (lumea cunoscută, accesibilă);

- lucru existent dar nedeterminat (lumea ideală sau idealizată, accesibilă parţial).

Dacă ceva există dar este nedeterminat, ce reprezintă el ? Răspunsul pare să fie unul singur: lucrul care există şi este nedeterminat este, sau face parte din rest sau din *posibil*, din *potenţial* (din existenţa posibilă sau potenţială sau virtuală).

O altă categorie idealizată este categoria de tot (*totalitate*, diferită de categoria de întreg). Afirmând că "aceasta este totul", înseamnă că a fost exclus orice altă posibilitate de fiinţare a altui lucru. Se pare că, un lucru, o entitate, ceva ce este considerat ca fiind totul, dacă este absolut, în afara lui nu mai există altceva.

Totul exclude restul, posibilitatea (potenţialul), pare să fie o nedeterminare, o "idealizare", o calitate a unei mulţimi de lucruri, o delimitare...

Pe de altă parte, generalizarea întregului înseamnă tot. Dar întregul, presupune existenţa noţiunilor de parte şi de rest (posibilitate, potențial); în tendința către tot a lucrului, acesta trece de la parte la rest și de la rest la parte prin întreg.

Esența. Adevărul. Ca și categoriile precedente și acestea sunt, se pare, "idealizări", nedeterminări, calități, construcții mentale, constitutive ale oricărui subiect cunoscător, fără de care cunoașterea nu există (nu există cunoaștere fără implicarea esenței și adevărului).

Ce implică esența ? O existență mai profundă, ceva mai stabil, o mai mare potențializare.

Ce este non-esența *(fenomenul, aparența)* ? Ceva instabil, de "suprafață", schimbător, potențe reduse.

Esența este ceva ce determină cauza (după cum cauza determină efectul):

esență – cauză – efect – fenomen (aparență).

Adevărul. Exprimă o calitate a cunoașterii, o măsură a cunoașterii, o "idealizare". Implică ideea de referențial. O propoziție este adevărată în raport cu un referențial și falsă în raport cu altul (sau, altfel spus, o propoziție este adevărată dintr-un punct de vedere și falsă din altul).

CONCLUZII

1. Pare să fie un non-sens să afirmi că lumea a fost creată din nimic: nimicul nu poate fi conceput decât numai în raport cu un ceva anume. Este o echivalență între propozițiile: lumea a fost creată din nimic și lumea a fost creată din ceva, din altceva; nimicul nu poate exista decât numai în raport cu ceva – preexistent lumii.

2. Neantul, fiind o nedeterminare și incompatibil existenței ca atare, se presupune a fi absolut în sine, fiindcă dacă ar fi relativ, ar însemna de fapt non-existență (se referă la inexistența unui ceva particular, în timp ce neantul se referă la o inexistență generală).

3. Infinitul fiind de asemenea o nedeterminare, este în același timp și o totalitate, deoarece cuprinde existența, ceea ce urmează după infinit fie nu se poate concepe, se atinge bariera de comprehensiune, de înțelegere a subiectului cunoscător fie, ceea ce urmează după infinit, este sinonim cu neantul.

2. Esența este adevărată, după cum adevărul este esența.

3. Dincolo de existență și de neant este MAREA EXISTENȚĂ - ca fiind noțiunea supremă...

2. CUNOAŞTERE ŞI IPOTEZĂ

Analizând etaple dezvoltării cunoştinţelor despre Univers, despre natură, despre viaţă sau despre societate, se constată că există o anumită relaţie între limitele şi posibilităţile logico-matematice ale unei teorii, pe de o parte şi posibilităţile tehnologiei de observaţie şi experiment care verifică teoria, pe de altă parte.

Pot exista situaţiile următoare:

> *Situaţia de sincronism* – respectiv cunoştinţele logico-matematice corespund stadiului dezvoltării tehnologice (de observaţie şi experiment); în acest caz se obţin cunoştinţe sigure, respectiv rezultă o descriere sigură a realităţii; sunt însă cunoştinţe limitate, zonale, "de domeniu".

> *Situaţia de diacronism* – respectiv cunoştinţele logico-matematice nu corespund stadiului dezvoltării tehnologice (de observaţie şi experiment); sunt două cazuri:

=> Cunoştinţele logico-matematice sunt mai avansate decât stadiul dezvoltării tehnologice; în acest caz cunoştinţele rămân în stadiul de ipoteză logico-matematică; apare necesitatea de a verifica, de a evidenţia un fenomen, un efect, un proces, o situaţie, afirmată de teoria logico-matematică.

=> Cunoştinţele logico-matematice sunt mai puţin dezvoltate decât stadiul dezvoltării tehnologice ale metodelor de observaţie şi experiment; în acest caz aceste cunoştinţe rămân în stadiul problematicului; apare necesitatea de a se da o explicaţie unui fapt pus în evidenţă de observaţie sau experiment.

Aşadar, în ştiinţă fie se observă, ori se experimentează şi apare un fapt, un fenomen, un efect, un proces şi atunci acesta trebuie explicat (corelându-l cu teorii deja cunoscute sau elaborând o teorie specifică faptului, fenomenului, etc.), fie se elaborează o teorie a unui presupus fenomen, care trebuie însă demonstrat sau evidenţiat prin observaţie sau experiment.

Dacă se consideră principalele procese cognitive: observaţia, experimentul, modelarea, atunci raportul dintre natural şi artificial în cadrul cunoaşterii ştiinţifice poate fi reprezentat sub forma unei scheme:

* **Procese cognitive >>> Obiectul cunoaşterii >>> Contextul condiţional**
  * Observaţia >>> Natural >>> Natural
  * Experimentul >>> Natural >>> Artificial
  * Modelarea >>> Artificial >>> Artificial

(Felecan F. – *"Cunoaşterea experimentală"* în *"Teoria cunoaşterii ştiinţifice"*, Editura Academiei, Bucureşti, 1982, pag.246).

Din schemă reiese că modelarea are un caracter artificial, observaţia are un caracter natural, iar experimentul este un amestec de natural şi artificial...

Între experiment şi teorie există o legătură strânsă, indestructibilă (figura 1).

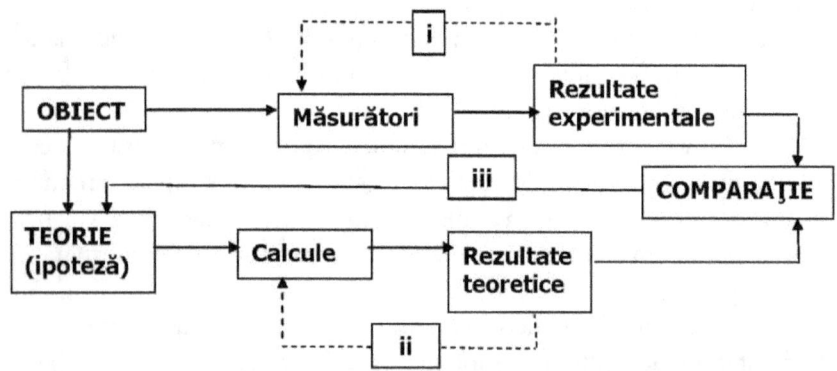

Figura 1 Legătura dintre experiment şi teorie (situaţia standard)

i – corecţii (erori de măsurare); ii – corecţii (erori de discretizare); iii – restructurarea teoriei.

De notat aici şi funcţiile teoriei: 1) funcţia de control (verificare a conţinutului teoriei);

2) funcţia constructivă; 3) funcţia de explorare (experimentul de sondaj).

Atât în situaţia de sincronism cât şi în situaţia de diacronism se fac previziuni ştiinţifice. În cartea lui Toró T., *"Fizică modernă şi filozofie"*, (Editura Facla, Timişoara, 1973), sunt prezentate principalele tipuri de previziuni în domeniul fizicii cuantice...

"— A — Previziuni ştiinţifice care au luat naştere în procesul de înlăturare a unei (sau mai multor) contradicţii importante prin introducerea unei particule (sau a unui fenomen) cu totul noi.

— B — Previziuni ştiinţifice care au apărut prin negarea valabilităţii unei legi de conservare (sau a unui principiu de simetrie) de mare importanţă, unanim acceptată până atunci în fizică.

— C — Previziuni ştiinţifice care se pot considera ca produse secundare (sau consecinţe) a unei teorii elaborate în alt scop pentru o categorie mai largă de fenomene.

— D — Previziuni ştiinţifice care constituie caracteristica esenţială (elementul de bază) a unei teorii noi pentru o categorie largă de fenomene noi (de exemplu pentru un nou tip de interacţiune a particulelor elementare).

— E — Previziuni ştiinţifice formulate prin extensiunea naturală (generalizarea) a unei teorii cunoscute, fără modificarea esenţială a legilor ei de bază."

În altă ordine de idei, este de făcut următoarea precizare în legătură cu ceea ce se numeşte *riscul de ipoteză*. Riscul de ipoteză reprezintă un raport, pe de o parte între *comprehensibilitate (inteligibilitate)* (aşadar ipoteza trebuie să fie înţeleasă), şi pe de altă parte, acceptabilitate (o ipoteză trebuie să fie într-o anumită măsură acceptată de un anumit grup de oameni) şi *stranietate* (ipoteza trebuie să conţină ceva nou şi pe cât posibil frapant, care să intereseze, să genereze alte posibilităţi, alte modalităţi de interpretare a unor fapte, a unor fenomene sau a realităţii însăşi).

O ipoteză implică întotdeauna un risc pentru cel sau pentru cei care o formulează, deoarece poate conduce în cazul cel mai nefericit la discreditarea autorului sau autorilor, dacă ipoteza se va dovedi falsă, prea stranie sau dimpotrivă prea puţin interesantă, ori este neinteligibilă sau în sfârşit este prea puţin acceptată.

Un alt aspect îl constituie modul de dezvoltare în ştiinţă: sau se pune în evidenţă un fapt calitativ nou sau se întrevede existenţa unei legături între două sau mai multe fapte calitativ deosebite.

Influența tehnologiei asupra ipotezelor și teoriilor științifice este deosebită. Pe de altă parte, dacă nivelul atins de tehnologie este insuficient, astfel încât tehnologia nu este capabilă să valideze diverse ipoteze sau teorii, acestea din urmă sau vor fi respinse datorită lipsei probelor sau vor fi necesari ani de zile până când se va dispune de modalitățile tehnice adecvate, de un aparat matematic de cele mai multe ori foarte sofisticat, necesar pentru a valida sau invalida ipotezele sau teoriile respective.

În sfârșit, se mai pot face câteva remarci cu privire la realitate și la limitele și posibilitățile cunoașterii umane. Realitatea în raport cu cunoașterea, poate fi înțeleasă după cum urmează.

a) Realitatea obiectivă necunoscută inaccesibilă – realitatea care există obiectiv, independent de subiectul cunoscător uman care efectuează actul cunoașterii și care rămâne în afara posibilităților de cunoaștere.

b) Realitatea obiectivă necunoscută accesibilă – realitatea este necunoscută la un moment dat al evoluției subiectului cunoscător uman.

c) Realitatea obiectivă cunoscută – realitate cunoscută prin acumularea de fapte, observații, experimente.

d) Realitatea ipotetică – este o realitate în mare parte datorată subiectului cunoscător uman, a subiectivității acestuia.

Pe de altă parte, printre limitările cunoașterii umane se pot semnala:

- *Limitarea conceptuală*: aceasta derivă din capacitățile limitate ale intelectului, în domeniul logicii, matematicii, lingvisticii, psihologiei precum și a capacității de generalizare, abstractizare, analiză și sinteză.

- *Limitarea inductiv-tehnologică* – derivă din posibilitățile, de asemeni limitate, privind capacitatea de observație, de experiment (în particular, acestea sunt date de tipul și de sensibilitatea aparatelor, precum și de acuratețea metodelor).

- *Limitarea impusă de prelucrarea informațiilor și a tehnicilor de calcul* – datele obținute din observații și experimente, sunt prelucrate cu ajutorul unor dispozitive electronice de calcul; capacitatea de prelucrare a acestor dispozitive (computere de mare capacitate) este limitată.

- *Limitarea biologică* – limitare datorată "substratului organic", care impune o serie de restricții.

- *Limitarea naturală* – este impusă de constantele fizice; spre exemplu viteza luminii în vid este viteză maximă de deplasare a corpurilor în Univers; aceasta reprezintă o limită a cunoaşterii impusă de natură, întrucât toate suporturile de informaţie actuale (undele electromagnetice, undele gravitaţionale) nu se pot deplasa cu o viteză mai mare decât viteza luminii în vid.

- *Limitare social-istorică şi economică* – limitarea este datorată faptului că subiectul cunoscător uman suferă influenţe majore din punct de vedere social şi istoric, iar pe de altă parte suferă influenţe şi din punct de vedere economic; cunoaşterea va fi astfel limitată de dezvoltarea socială şi de etapa istorică în care este inclus subiectul cunoscător uman, precum şi de starea economică a acestuia.

În concluzie, realitatea fiind diversă şi aflată într-o continuă devenire, apare subiectului cunoscător uman ca fiind complexă. Realitatea poate fi cunoscută, prin diferite mijloace, care pun în evidenţă, în ultimă instanţă, conexiunile dintre diferite laturi sau domenii ale acesteia.

O posibilitate de cunoaştere o reprezintă cunoaşterea ipotetică. Unele ipoteze sunt *convenţionale*, atunci când derivă nemijlocit în cadrul unor teorii, altele sunt ipoteze *non-convenţionale*, atunci când, dimpotrivă, nu derivă în cadrul teoriilor. Ipotezele *non-convenţionale* au inevitabil, deficienţe şi limite, dar deschid anumite posibilităţi de cunoaştere a realităţii.

3. ASPECTE GENERALE ALE DEZVOLTĂRII COSMOLOGIEI

Cosmologia studiază structura şi evoluţia Universului (considerat ca un tot unitar); în particular studiază regiunea actualmente observabilă a Universului, numită Metagalaxie, interpretând sau extrapolând datele de observaţie corespunzătoare.

I. G. Perel, în cartea "*Dezvoltarea concepţiilor despre Univers*" (Editura Ştiiţifică, Bucureşti, 1964) scrie următoarele:

"*Cele mai vechi concepţii despre Univers s-au format în epoca preistorică, cu mult timp înaintea constituirii primelor state, în condiţiile orânduirii primitive.*" (Pag. 13)

Toate civilizaţiile vechi aveau o anumită concepţie referitoare la alcătuirea lumii în care trăiau şi prin care încercau să explice toate evenimentele care aveau loc, începând cu succesiunea zilelor şi a nopţilor, cu succesiunea anotimpurilor, continuând cu activitatea vulcanică, cu seismele şi sfârşind cu eclipsele solare, cu configuraţia stelelor pe bolta cerească sau cu căderea meteoriţilor... Concepţiile despre lume, despre natură, despre univers, au evoluat apoi, în evul mediu şi apoi în secolele următoare...

Se poate remarca un aspect important şi anume că, în ultimă instanţă, concepţiile despre Univers – (care formează aşa–numita cosmodoxie, de la *Kósmos*, natură şi *Doxa*, opinie în limba greaca) – s-au modificat în decursul timpului... Concepţiile despre Univers au fost într-o anumită măsură dependente de evoluţia de ansamblu a societăţii dar şi de nivelul libertăţii de gândire al indivizilor care compuneau societăţile respective, precum şi de nivelul inteligenţei acelor indivizi... Trebuie remarcat de asemenea că înţelegerea structurii Universului, a proceselor care au loc în Univers, implică, mai mult ca în orice alt domeniu poate, o libertate nelimitată a gândirii...

În caz contrar, adică în cazul unei gândiri impuse sau constrânse, imaginea despre Univers va fi deformată, limitată şi va fi înlocuită, mai devreme sau mai târziu...

Iată un exemplu oferit chiar de către I. G. Perel:

„În teoriile cosmologice vechi care au apărut la începutul secolului al XX-lea, universul era considerat ca structură omogen şi izotrop. Pentru cosmologia actuală – actuală, adică aceea din anul 1964 – o astfel de concepţie nu mai apare ca singura posibilă. Mai mult decât atâta, tot ce se ştie despre structura părţii universului, accesibilă în prezent observaţiilor, ne vorbeşte nu numai despre complexitatea în general a acestei structuri, ci şi despre o varietate structurală care nu se reduce numai la varietatea formelor materiei cosmice." (Pag. 305)

Este de notat doar atât: libertatea gândirii era ceva mai mare atunci, decât la începutul secolului al XX-lea, datorată în special celor două mari descoperiri: teoria cuantică şi teoria relativităţii, teorii care au deschis noi posibilităţi de cercetare a Universului... Fiindcă una dintre caracteristicile libertăţii de gândire este aceea de a putea explora necunoscutul, adică de a evidenţia noi posibilităţi de organizare, de reprezentare şi de manifestare a EXISTENŢEI...

*

Cred că nu ar fi lipsit de interes să consemnez, în cele ce urmează, o problemă care era considerată importantă în secolele trecute (respectiv în secolele XIX şi XX) şi anume poblema cosmologică. Iată un citat, în acest sens, dintr-o broşură de popularizare a ştiinţei, apărută în anul 1936, şi anume *„Despre Om şi Univers"*, autor Şt. I. Manoliu (Ediţia a II-a, editată de ziarul „Ogorul Învăţământului Românesc):

„Problema cosmologică tinde să arate că toate elementele alcătuitoare ale Universului au o ordine stabilită şi o armonie.

Mecanicismul – susţine că totul în natură se reduce la atracţie şi respingere.

Finalismul – susţine că această armonie în Univers, nu poate fi rezultatul unei forţe oarbe, inconştiente, ci dimpotrivă, totul nu e decât o voinţă şi o inteligenţă supremă care conduce acestă mişcare cu un scop bine dterminat.

Evoluţionismul – susţine că universul este într-o continuă prefacere urmând un ritm de alternanţă în distribuţia materiei şi a mişcării. Evoluţia nu este decât o continuă pierdere de mișcare ce contribuie la o înceată închegare a materiei (Herbert Spencer)" (Pag. 10, 11)

Acestă problemă cosmologică, sub o formă sau alta, a continuat să frământe minţile oamenilor și în acest început de secol XXI și probabil că va mai continua să constituie un subiect de discuţie și în alte secole...

*

Într-un anumit sens se poate considera că <u>sistemul geocentric</u> elaborat de Ptolemeu și <u>sistemul heliocentric</u> elaborat de Copernic, pot fi considerate ca fiind primele modele cosmologice. Acestea reduc Universul, fie la planeta Pământ, fie la sistemul solar (pentru care Copernic dă o descriere corectă). După stabilirea de către Newton a legii atracţiei universale, se impune ideea infinităţii Universului. În secolul al XIX-lea, Universul era reprezentat printr-un model cosmologic în care acesta, Universul, era considerat ca fiind infinit în spaţiu și timp; spaţiul fizic tridimensional era considerat euclidian, iar Universul, invariabil în timp (staţionar). Distribuţia materiei era caracterizată prin omogenitate și izotropie. Acest model nu a putut explica două paradoxuri cosmologice, și anume, paradoxul lui Olbers și paradoxul lui Seeliger.

- <u>Paradoxul lui Olbers</u> sau paradoxul fotometric – în Universul infinit, uniform umplut cu surse de lumină (stele, galaxii, etc.), cerul nocturn ar trebui să fie luminat intens; în orice direcţie ar fi privită strălucirea cerului, aceasta ar trebui să fie egală cu aceea a discului solar. În realitate însă, cerul nocturn este aproape întunecat.

- <u>Paradoxul lui Seeliger</u> sau paradoxul gravitaţional – în Universul infinit, în care materia este distribuită uniform, forţa gravitaţională va fi infinită în orice punct, ceea ce nu are sens fizic.

Paradoxurile cosmologice sunt explicate satisfăcător în cadrul cosmologiei relativiste, considerându-se că Universul este nestaţionar (în evoluţie). O serie de descoperiri au produs modificări importante asupra concepţiilor despre Univers. Legea lui Hubble (v = H x r; v – viteza de expansiune a corpurilor cerești, H-constanta Hubble, r – distanţa), existenţa radiaţiei termice de fond sau relicve (2.7 K, unde K este gradul Kelvin, respectiv unitatea de măsură a temperaturii în Sistemul Internaţional de Unităţi), precum și abundenţa elementelor chimice ușoare, arată că actualmente Universul este în expansiune, iar în trecutul său, cândva, s-a aflat într-o stare fizică deosebită, caracterizată printr-o mare densitate și o temperatură foarte ridicată.

Această stare a Universului este cunoscută sub numele de "Univers fierbinte", iar modelul cosmologic se numeşte modelul Big Bang (Marea Explozie). Se consideră că această stare a Universului a avut o importanţă hotărâtoare în generarea particulelor elementare cunoscute şi sinteza nucleelor primelor elemente chimice (hidrogen, heliu), din care s-au format structurile cosmice ale Universului observabil.

Ervin Laszlo, remarcă însă foarte inspirat ...

"Acesta este cel mai adânc şi mai mare mister dintre toate – misterul originilor însuşi procesului de generare a universului."

Din acest model, au derivat ulterior alte modele mai perfecţionate, dintre care este de amintit modelul inflaţionist. Etapele principale pe care le-a parcurs Universul de la momentul iniţial şi până în momentul actual sunt sintetizate în tabelul 1 (Restian A. – *"Unitatea lumii şi integrarea ştiinţelor sau integronica"*, Editura ştiinţifică şi enciclopedică, Bucureşti, 1989).

Tabelul 1 Principalele etape ale evoluţiei Universului (J.D. Barow, J. Silk, 1980)

* **Stadiul Universului >>> Caracteristici >>> Timp cosmic**
* Singularitate >>> Marea explozie (Big Bang) >>> 0
* Timpul Plank >>> Crearea particulelor elementare >>> $10 - 44$ secunde
* Era hadronică >>> Unirea quarkurilor * în hadroni >>> $10 - 6$ secunde
* Era leptonică >>> Anihilarea perechilor electron - pozitron >>> 1 secundă
* Era radiaţiilor >>> Sinteza nucleelor de heliu şi deuteriu >>> 1 minut
* Era substanţei >>> Universul devine dominat de substanţă >>> 10^4 ani
* Era decuplării - radiativă >>> Universul devine transparent la radiaţii >>> 3×10^5 ani
* Era decuplării - galactică >>> Începe formarea galaxiilor >>> 2×10^9 ani
* Era decuplării - stelară >>> Începe formarea stelelor >>> 4×10^9 ani
* Era decuplării - planetară >>> Începe formarea planetelor >>>

15 x 10 9 ani
  * Era arheozoică >>> Începe formarea rocilor >>> 16 x 10 9 ani
  * Era proterozoică >>> Apar primele forme de viață >>> 17 x
10 9 ani
  * Era paleozoică >>> Apar primii pești >>> 19,5 x 10 9 ani
  * Era neozoică >>> Apar primele mamifere >>> 19,8 x 10 9 ani
  * Era cenozoică >>> Apar primatele >>> 19,94 x 10 9 ani
  * Era cenozoică >>> Apare omul >>> 20 x 10 9 ani

* NOTĂ

Referitor la quarkuri.

Quarkuri - particule cu sarcină electrică fracționară din care ar fi constituite particulele elementare – spre exemplu hadronii: mezonii, barionii (nucleonii, hiperonii), rezonanțe.

Toate corpurle și obiectele sunt formate din reunirea și din integrarea altor corpuri și obiecte distincte, la nivelul de bază aflându-se particulele elementare. S-a constatat însă că și particulele elementare sunt formate din alte particule. Multă vreme s-a considerat că atomul este o particulă elementară. În urma unor experimente s-a constatat că atomul este format din nucleu și electroni; apoi s-a constatat că nucleul este alcătuit din protoni și neutroni, care au fost considerate ca fiind particule elementare. În anul 1963, M. Gell-Mann a arătat că și protonii și neutronii sunt formați din niște particule denumite quarkuri.

La început s-au descris trei quarkuri și anume quarkul *up* (*sus*), *down* (*jos*) și *strange* (*straniu*) notate cu u, d și s. Fiecare quark are anumite proprietăți, cum ar fi sarcina electrică (fracționară), spinul, numărul barionic, stranietatea (tabelul 2).

Tabelul 2 Proprietățile primelor trei quarkuri

  * **Denumirea quarkului >>> Simbol >>> Sarcina electrică >>> Spinul >>> Numărul barionic >>> Stranietate**
  * up >>> u >>> + 2/3 >>> 1/2 >>> 1/3 >>> 0
  * down >>> d >>> - 1/3 >>> 1/2 >>> 1/3 >>> 0
  * strange >>> s >>> - 1/3 >>> 1/2 >>> 1/3 >>> -1

Unii fizicieni au emis ipoteza că particulele elementare sunt compuse din unități de tip buclă, care pot fi tratate ca fiind obiecte cuantice, denumite superstringuri (acestea sunt imaginate ca fiind un fel de filamente). Aceste obiecte cuantice, sunt de miliarde de ori mai mici decât particulele elementare, iar unii cosmologi consideră că superstringurile formează structura fundamentală a Universului.

(Flynn Mike - *"Infinitul în buzunarul tău. Peste 3000 de teoreme, informații și formule"*, Editura Semne, București, 2008).

Precum se observă, evoluția Universului, de la origine până în prezent, este o succesiune de evenimente, care sunt integrate, sunt conectate unele cu altele într-o anumită ordine pentru realizarea unor finalități – și anume creșterea complexității...

Date probabile privind caracteristicile principale ale Universului sunt următoatele: diametru vizbil: $(96 \pm 4) \bullet 10^9$ Ani-lumină, vârstă: $13,77 \bullet 10^9$ ani (există păreri diferite privind vârsta Universului, unii autori afirmă că vârsta Universului ar fi de 20×10^9 ani), masă: $8,5 \bullet 10^{52} - 10^{53}$ kg, număr de galaxii: 100 miliarde, număr de particule: $4 \bullet 10^{78} - 6 \bullet 10^{79}$, număr de fotoni: 10^{88}, temperatura actuală: 2,725 K $(-270,425 \,°C)$. (http://ro.wikipedia.org/wiki/Univers)

Mai este de semnalat, că s-a pus problema existenței materiei întunecate. Aceasta este formată din particule încă nedetectate experimental și a cărei existență a fost stabilită doar teoretic. Proporția de materie întunecată din Univers este foarte mare: circa 21 % din totalul materiei sale. Cu toate acestea, existența ei încă nu a putut fi dovedită pe cale experimentală din cauză că ea nu emite radiații.

Pentru completitudine, conform teoriilor actuale (2008) restul materiei Universului este format din: energie întunecată: circa 74 % din totalul materiei Universului; aceasta este tot o substanță, o materie, foarte puțin cunoscută, doar că numele ei de "energie" este impropriu; barioni: circa 4,89 % - sunt niște particule din care este alcătuită lumea materială obișnuită pe care o percepem direct, inclusiv stelele, planetele, galaxiile etc., neutrini: circa 0,1 %; radiația de fond: echivalează cu circa 0,01 % din materia universului.

(http://ro.wikipedia.org/wiki/Univers, date cf. revistei germane *"Spektrum der Wissenschaft"* nr. 11/2008, p.38).

Conform unei teorii cosmologice (teoria stării staționare), Universul, aflat într-o nelimitată expansiune, are în permanență aceeași densitate a materiei (cu alte cuvinte, densitatea materiei este constantă), ceea ce presupune o continuă creare de materie. O variantă a acestei teorii, arată că Universul nu are început în timp şi spaţiu. Întotdeauna a existat un spaţiu lipsit de materie, care s-a contractat până la un volum redus şi, printr-o "mare explozie" şi-a corijat deformarea, iar apoi s-a extins nelimitat. Din aşa-numitul "vid cuantic", a luat naştere, prin transformări de fază "materia primordială", din care sunt formate obiectele cosmice, precum stelele şi galaxiile.

(Bernhardt H., Lindner K., Schubowski. - "*Compendiu de astronomie*" - Editura All Educational, Bucuresti, 2001).

Un alt model cosmologic este reprezentat de modelul informaţional.

În anul 1961, R.H. Dike, avansează ideea că Universul ar putea fi organizat ca un servo-sistem (sistem automat, sistem cibernetic), care s-ar autoregla (prin reacţii cibernetice de tip "feed-back").

„*Evoluţia globală se desfăşoară în mod strict adiabatic, astfel încât dacă într-o regiune a Universului au loc procese de degradare sau disipaţie, în alte regiuni vor avea loc procese de organizare şi concentrare a informaţiei... Universul funcţionează ca un creier care-şi autoreglează elementele caracteristice pentru a-şi conserva anumite proprietăţi definitorii*"

(Nicolae Ionescu-Pallas-„*Universul ca servosistem*", articol apărut în almanhul „Anticipaţia", 1985)

Modelul cosmologic informaţional ar trebui să explice cum este posibil de a se stoca enorme cantităţi de informaţie în forme aparent simple, cum sunt spaţiul şi timpul, organismele vii, etc. Potrivit unor estimări ale lui Fred Hoyle, informaţia conţinută în forme superioare de viaţă, ar fi de ordinul de mărime de 10 40000 (zece la puterea patruzeci de mii) biţi ! Aceasta reprezintă modalităţile specifice în care circa 2000 de gene se pot forma din circa 10 20 secvenţe de nucleotide de lungime corespunzătoare. Pe de altă parte, se mai admite ideea de generare spontană de Universuri, iar între două generări de Universuri, se scurge un timp de circa 1010 ani, timp în care Universul este stabilizat prin mecanisme de autoreglare (feed-back). În cadrul modelului informaţional, se arată că între Univers şi viaţă, între Univers şi civilizaţiile dezvoltate, sunt stabilite raporturi deosebite. Pe de altă parte, observaţiile arată că există o legătură între expansiunea Universului şi creşterea complexităţii diverselor structuri cosmice.

În cosmologia modernă, o serie de astrofizicieni au propus

introducerea principiului "antropic", care afirmă că prezența omului în Univers implică existența unor constrângeri la originea Universului (de exemplu predeterminarea unor constante fundamentale și a condițiilor inițiale). Fără aceste constrângeri inițiale, apariția vieții pe Pământ și evoluția spre ființe inteligente nu ar fi fost posibilă.

(C. Portelli –"*Dialectica informațională a naturii*", Editura Științifică, București, 1992).

Altfel spus, acest principiu, poate fi enunțat astfel:

"*Universul are proprietățile pe care le are și pe care omul le poate observa deoarece dacă ar fi avut alte proprietăți omul nu ar fi existat ca observator.*"

(Cecil Folescu – "Există inteligență extraterestră ?", Editura Albatros, București, 1991).

- Ideea de Multivers

În anul 1957, Hugh Everett a propus o ipoteză foarte interesantă denumită ipoteza universurilor paralele (sau ipoteza istoriilor alternative), care a fost apoi dezvoltată de către Bryce De Witt.

(http://www.scientia.ro/50-mecanica-cuantică, 15.02.2009)

În cadrul acestei ipoteze se presupune că atunci când se produce un eveniment, Universul se ramifică în două realități paralele, care există simultan. Spre exemplu să considerăm evenimentul reprezentat de dispariția dinozaurilor. Există două Universuri paralele (sau alternante): Universul în care dinozaurii au dispărut și alt Univers în care acele reptile din era mezozoică au supraviețuit !... În fiecare clipă au loc nenumărate evenimente și instantaneu sunt create nenumărate Universuri Paralele !... Spre exemplu, atunci când se produce un incendiu, cu toate că noi observăm doar un efect, este posibil ca în Universuri Paralele create instantaneu, să apară alte posibile efecte – poate că în incendiu nu a murit nimeni, dar poate că au murit mai mulți oameni, sau poate că acest incendiu s-a extins și a provocat multe pagube... Fiecare din aceste posibilități generează un Univers Paralel sau Alternativ... Totalitatea acestor evenimente care generează Universuri Paralele, formează MULTIVERSUL...

Altfel spus... "*Una dintre cele mai interesante produse ale cosmologiei ultimilor ani este dezvoltarea ideii multiversului ca preocupare centrală. În loc să fi produs un singur univers, Big Bang-ul ar fi produs mai multe, diferite, conform celor mai noi premise.*" (http://www.descopera.ro, 20.10.2009).

Așadar... "***Multiversul*** *este o mulțime ipotetică de mai multe universuri posibile (inclusiv universul în care ne aflăm) care împreună cuprind tot ceea ce există și poate exista: totalitatea spațiului, a timpului, materiei și a energiei,* *precum și constantele fizice și legile care-l descriu. Mulți cercetători cred că multiversul este doar o pistă falsă pentru fizică. Criticii multiversului susțin că acesta este pur și simplu mult prea convenabil pentru a explica lucrurile pe care nu le înțelegem - Teoria Big Bang-ului nu ne spune nimic despre ce anume a determinat extinderea rapidă a universului sau ce s-a întâmplat înainte de explozie. Răspunsurile la aceste întrebări le-ar putea da teoria multiversului. Diverse universuri dintr-un multivers sunt numite uneori universuri paralele."*

(Sursa: https://ro.wikipedia.org/wiki/Multivers, articol despre Multivers)

Nu pot să nu observ însă că acești... „mulți cercetători", nu sunt capabili să elaboreze altceva mai pe placul lor, ei pur și simplu contestă și atât... Ei și, ce dacă ? Vor rămâne cu... contestația lor puerilă și atât... Cui îi pasă ?...

S-ar părea că sunt unele dovezi sau indicii despre existența multiversului...

„ Posibile dovezi ale existenței multiversului:

• valoarea ciudat de mică a energiei întunecate din universul nostru, alte valori existând în alte universuri

• în teoria corzilor există 10 500 moduri în care extradimensiunile se aglomerează, fiecare posibilitate fiind caracteristică unui univers. Nu se știe încă modul în care se aglomerează dimensiunile suplimentare pentru universul nostru.

• pe baza unor modele circulare găsite în forma radiațiilor cosmice de fond unii cercetători au tras concluzia că universul nostru s-a ciocnit cu alte universuri în extindere de minim patru ori [1][2]

[1]^ Clara Moskowitz - Weird! Our Universe May Be a 'Multiverse,' Scientists Say, Livescience, 12 august 2011

[2] ^ Is our universe inside a bubble?, sciencedaily"

(Sursa: https://ro.wikipedia.org/wiki/Multivers, articol despre Multivers)

*

Printre obiectele stranii și complexe din Univers se pot aminti: stelele pitice albe, stelele neutronice, radiogalaxii, quasari, quasagi, golurile negre...

Și totuși, o întrebare persistă: Universul, încotro ?...

Există mai multe posibilități de evoluție a Universului, dintre care, cele mai evidente sunt: Universul închis și deschis. În primul caz, Universul evoluează de la Big Bang – Marea Explozie, la o situație catastrofală Big Crunch – Marea Sfărâmare, Marea Strivire, adică la un moment dat, expansiunea încetează și urmează o catastrofă după care, în situația limită, se revine la starea inițială, starea primordială, starea de singularitate.

"Dacă există un țel al universului și el își atinge ținta, atunci el trebuie să sfârșească, deoarece existența sa continuă ar fi nejustificată și fără sens. Invers, dacă universul durează pe vecie, e greu de imaginat că el ar avea vreun scop final. Astfel, moartea cosmică ar putea fi prețul plătit pentru succesul cosmic."

(Davies Paul – *Ultimele trei minute. Ipoteze privind soarta finală a universului"*, trad. Zamfirescu G., Editura Humanitas, București, 1995).

Un caz particular de Univers închis îl constituie Universul ciclic, în sensul că după revenirea la starea inițială, urmează din nou o situație în care are loc Big Bang (Marea Explozie), apoi o nouă evoluție, are loc apoi o stare catastrofală Big Crunch (Marea Sfărâmare)...

În cazul Universului ciclic, transmiterea informației de la un Univers la altul, în cadrul acestei succesiuni, are loc fie în mod analog cu procesele evolutive din organismele vii, fie într-un mod specific ce urmează să fie elucidat (figura 2).

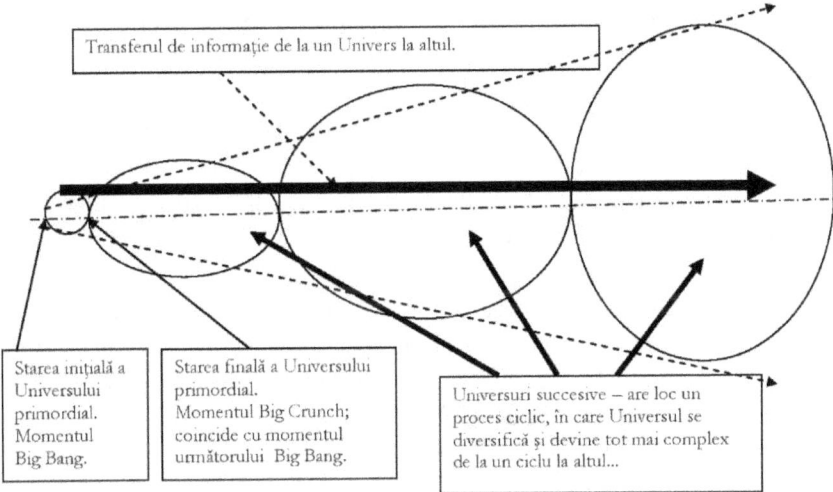

Figura 2 *Universul ciclic – schemă*

În al doilea caz, Universul deschis, acesta își continuă evoluția ("expansiunea"), un timp nelimitat. În ceea ce privește biosfera, în general și antroposfera (omenirea) în particular, acestea vor continua să evolueze în paralel sau altfel spus, vor fi incluse în evoluția Universului, un timp nedefinit. În cazul Universului închis, (așadar al viitorului închis), evoluția biosferei, respectiv evoluția antroposferei, este diversă.

S-au imaginat mai multe scenarii de viitor închis pentru biosferă și antroposferă.

Spre exemplu, în articolul *"20 de scenarii despre catastrofe cosmice imaginate de Isaac Asimov"* (în Orfeu / Orion -1, 1988, Supliment de literatură științifico-fantastică, pag. 17, traducerea Marius Stătescu), sunt prezentate, printre altele, câteva posibilități:

- Epuizarea hidrogenului răspândit în cosmos, ca urmare a expansiunii Universului; drept urmare, stelele se vor stinge în lipsa acestuia.

- În cazul în care după faza de expansiune a Universului, va urma o fază de contracție, cu o accelerație exponențială, Luna va cădea pe Pământ, iar Pământul va cădea pe Soare.

- O consecință a fazei de contracție a Universului este creșterea intensității radiațiilor; Universul se poate transforma într-un black-hole (gaură neagră), având o concentrație neutronică inimaginabilă.

- Dacă un mare meteorit ar lovi Pământul, efectul ar fi catastrofal.

- O nouă perioadă glaciară.

- Mutații genetice cauzate de radiații cosmice, ceea ce are ca urmare dispariția multor specii de plante și de animale.

- Inundarea unor întinderi mari din suprafața continentelor, datorită topirii calotelor glaciare, topirea acestora fiind cauzată de schimbările climatice.

- Utilizarea armelor de distrugere în masă în cadrul unui război care se poate produce pe neașteptate, ar avea ca urmare distrugerea în mare parte a omenirii.

- Degenerarea umanității datorită unor cauze multiple (mutații genetice, poluarea aerului și a apei, reducerea resurselor de materii prime și a resurselor energetice și alimentare, crize economice și sociale, suprasolicitare psihică).

- Apariția unor boli contagioase pentru care nu se vor găsi tratamente adecvate.

Un alt exemplu este dat în cartea *"Compendiu de astronomie"* de Bernhardt H., Lindner K., Schubowski., Editura All Educational, Bucuresti, 2001. Universul actual își poate continua evoluția fie printr-o infinită expansiune, fie după o anumită expansiune aceasta încetează și se ajunge la o stare de echilibru nedefinit, fie printr-o contracție survenită după un timp, fie printr-o alternanță de expansiune și contracție (Univers oscilant). Care dintre aceste variante este cea mai reală, depinde de densitatea materiei. Dacă se consideră, în calcule, numai materia vizibilă, atunci densitatea materiei justifică un Univers în expansiune perpetuă.

În acest context, pornind de la vârsta actuală a Universului care este de circa $18 - 20 \times 10^9$ ani, se parcurg mai multe etape, printre care se pot enumera următoarele : se sting stelele - 10^{14} ani; stelele îşi pierd planetele - 10^{16} ani; galaxiile îşi pierd stelele - 10^{19} ani; stelele negre supermasive strălucesc - 10^{100} ani...

Acestea sunt doar câteva dintre modalităţile de viitor închis... Multe dintre aceste scenarii, probabil că nu se vor realiza niciodată, în schimb poate că vor apare alte modalităţi de viitor închis, pe care nici nu le întrezărim în momentul de faţă... Într-adevăr, iată un exemplu, o analogie... În Africa, există un peşte de apă dulce, care generează un câmp electric constant, prin intermediul căruia detectează prădătorii şi prada, şi poate în acelaşi timp să comunice cu alţi peşti din aceeaşi specie. Aceşti peşti au mai multe sisteme şi organe precum şi unele calităţi senzoriale, cu ajutorul cărora se realizează comunicarea dintre ei. Toate acestea erau complet necunoscute fiinţelor umane din era pretehnologică. Şi revenind la modalităţile de viitor închis, poate că tot aşa după cum posibilităţile senzoriale şi de comunicare ale peştilor electrici din Africa, erau complet necunoscute oamenilor din era pretehnologică, tot astfel, ne sunt necunoscute nouă, oamenilor actuali, alte modalităţi de viitor închis...

Pe de altă parte, mai sunt şi alte posibilităţi, intermediare între Universul deschis şi închis. Fie Universul îşi continuă expansiunea şi la un moment dat expansiunea se opreşte, iar Universul rămâne într-o stare de echilibru etern; fie după ce are loc expansiunea Universului, se produce compresia şi evoluţia spre starea catastrofală, numită Big Crunch (Marea Sfărâmare), dar la un moment dat această comprimare se opreşte şi se stabileşte un echilibru veşnic... Fie, după ce are loc Marea Sfărâmare (Big Crunch), se produce instantaneu, Marea Explozie (Big Bang), adică se reia ciclul, evoluţia... Totul este posibil...

Însă apar mai multe întrebări...

"1. Cum se nasc obiectele universului ?

2. Fiindcă obiectele sunt relaţii între existenţă-spaţiu-timp, cum s-au născut timpul şi spaţiul în univers ?

3. Fiindcă spaţiul şi timpul sunt expresia mişcării, cum s-a născut mişcarea în univers ?

4. Fiindcă mişcarea nu este decât expresia sau evenimentul prin care se manifestă energia creată, cum s-a născut această energie creată, cum s-a născut energia cinetică în univers ?

5. Care este deosebirea dintre energia cinetică sau energia creată şi energia potenţială existenţială necreată ?"

(Stancovici V. – *"Filosofia integrării"*, Editura Politică, Bucureşti, 1980)

La aceste întrebări se mai poate adăuga, o altă întrebare importantă...

"Cum s-a născut informaţia în Univers ?"

Alte întrebări...

"Care este originea universului ?

De ce există ceva mai degrabă decât nimic ?

Care este sensul existenţei conştiente ?"

(Silver M. Lee – *"Clonarea umană un şoc al viitorului"*, Editura Lider, Bucureşti, 2001)

"Ce era acolo înainte ca toate astea să înceapă şi ce va fi după ce se va sfârşi totul ?"

(Ervin Laszlo – *"Ştiinţa şi câmpul akashic. O teorie integrală a tuturor lucrurilor"*, ProEditură şi Tipografie, Bucureşti, 2009)

Aşadar, iată întrebări interesante care aşteaptă răspunsuri interesante...

Dar, mai este ceva, ceva important şi anume materia întunecată şi energia întunecată, despre care nu se ştie foarte multe...

În   stite-ul http://ro.wikipedia.org/wiki/Materie_%C3%AEntunecat%C4%83, se prezintă următoarele informaţii în legătură cu acestea...

*„În astronomie şi cosmologie, **materia întunecată** este în prezent un tip necunoscut de materie despre care se consideră că ar conţine o mare parte din masa totală a universului. Materia întunecată nu emite şi nici nu absoarbe lumina sau radiaţiile electromagnetice sau de altă natură, şi deci nu poate fi observată direct cu telescoapele. Se estimează că materia întunecată constituie 83% din materia din univers şi 23% din masa-energia sa. Existenţa ei încă nu a putut fi dovedită pe cale experimentală din cauză că ea nu emite radiaţii.*

Pentru completitudine, conform teoriilor actuale (2010) restul materiei universului este format din:

• energie întunecată: circa 73% din totalul de masă-energie al universului; aceasta este tot o substanţă, o materie, foarte puţin cunoscută, doar că numele ei de „energie" este impropriu;

• barioni: circa 5 % - aceştia constituie lumea materială obişnuită pe care o percepem direct, inclusiv stelele, planetele, galaxiile etc.

- *neutrini:* circa 0,1 %;
- *radiația de fond:* echivalează cu circa 0,01 % din materia universului.
(date cf. revistei germane "Spektrum der Wissenschaft" nr. 11/2008 p.38)"

Cred că materia întunecată și energia întunecată au cu siguranță un rol esențial în existența Universului... Poate că acestea au rolul de a împiedica suprapunerea Universurilor Paralele, spre exmplu sau poate că au rolul de a împiedica revenirea Universului LA STAREA DE SINGULARITATE, CINE ȘTIE ? Mai mult chiar, cred că unele obiecte cosmice sunt rezultatul activității unor supercivilizații... Și chiar UNIVERSUL NOSTRU, ar putea fi un UNIVERS AMENAJAT...

Sunt însă și alte ipoteze... Petru exemplificare, iată un extras dintr-un articol - *"Teoria Corzilor si Teoria M"* - Publicat de G.F. la data: 11 - decembrie - 2008, http://www.descopera.org/teoria-corzilor-si-teoria-m.

"Teoria M

Teoria M este o teorie supersimetrică și este consistentă într-un spațiu cu unsprezece dimensiuni. Limita de energii joase a Teoriei M este Supergravitația unsprezece dimensională. Teoria M este ultima versiune a teoriei corzilor. Conform celei vechi, șase din cele zece dimensiuni sunt „înfășurate", noi putând observa doar universul 4-dimensional cu care suntem obișnuiți. Aceste extradimensiuni sunt „strânse" într-o regiune a spațiului (spațiu Calabi-Yau) prea mică pentru a putea fi vizibilă. Teoria M vine cu ceva în plus: unele din aceste dimensiuni ar putea fi foarte mari, chiar infinite. Super-gravitația a avut însă ocazia să-și ia revanșa când fizicienii încercau să salveze Teoria Corzilor: ei au adăugat a unsprezecea dimensiune la cele 10, iar rezultatul a fost unul surprinzător. Cele cinci versiuni ale teoriei aflate în competiție unele cu celelalte s-au dovedit a fi variante ale aceleiași teorii fundamentale care începea din nou să aiba sens. Odată cu adăugarea celei a unsprezecea dimensiuni, teoria s-a transformat astfel: corzile, despre care se presupunea că stau la baza materiei din Univers, s-au extins și s-au combinat. Concluzia extraordinară era aceea că toată materia din Univers era conectată la o singură structură imensă: membrana. Această nouă teorie a primit numele Teoria M de la membrană și a impulsionat din nou căutarea explicației pentru toate lucrurile din Univers. Ce se știe însă despre a unsprezecea dimensiune? S-a descoperit repede că se lungește la infinit, dar este foarte mică în lățime, mai precis ea masoară un milimetru împărțit la 10 cu 20 de zerouri, după cum spune Burt Ovrut. În acest spațiu misterios plutește universul nostru membrană, iar în curând a apărut o nouă idee, aceea că la capătul opus al dimensiunii 11 se află un alt univers-membrană care pulsează.

Maldacena este autorul unui spectaculos și perfect riguros din punct de vedere matematic model al unui univers cu cinci dimensiuni, a cărui frontieră 4-dimensionala este Universul nostru. Și merge încă și mai departe: Universul este de fapt holografic. Așa cum o hologramă „obișnuită" reprezintă proiecția unui obiect tridimensional pe o suprafață, doar că această proiecție păstrează integral informația imaginii originale, întreaga ei bogăție, Maldacena consideră că teoria noastră 4-dimensionala a câmpului este proiecția în patru dimensiuni a teoriei sale 5-dimensionale a corzilor. Tot ce vedem noi, toată realitatea Universului nostru conține întreaga informație a unei lumi... cu o dimensiune în plus. O lume în care gravitația „apare" în mod „natural". De ce este nevoie de ea? Sau poate ar fi mai bine să ne întrebăm cine suntem noi de fapt. Suprafața cărei lumi? Și ce se găsește dedesubtul nostru? Sunt corzile ultima realitate? Sau aceste membrane cu diferite dimensiuni care plutesc, vibrează, se ondulează și generează astfel tot ce există și acționează în lumea aceasta a noastră pe care ne luptăm să o înțelegem încă de când un creier uman a devenit pentru prima data activ?

Steven Giddings, fizician teoretician la Universitatea Californiei din Santa Barbara, ne reamintește ca totul se întampla ca atunci când urcăm pe un munte, ajungem pe vârf și de abia atunci vedem că muntele acela nu este decât baza unui alt munte care se ridica, uneori amețitor dincolo de el. Amânând pentru încă o zi, un an, o viață, explicația ultimă. Și amintindu-ne că mai rămâne o întrebare pe care, totuși, nu o putem ocoli.

(Autor: Menssana, Editor www.descopera.org)"

*

Din multitudinea de concepții despre Univers mai pot fi semnalate succint, următoarele:

• Universul holografic – „Luate împreună, teoriile lui Bohm și Pribram furnizează o manieră nouă de a privi lumea: *Mințile noastre construiesc realitatea obiectivă în mod matematic, interpretând frecvențele care sunt până la urmă, în mod esențial proiecții dintr-o altă dimensiune, o ordine mai adâncă a existenței care este dincolo de spațiu și de timp. Creierul este o hologramă înfășurată / cuprinsă într-un univers holografic.*"

(Michael Talbot – „*Universul holografic*", Editura Cartea Daarth, 2004, trad. Lidia Bănulescu, pag. 76)

• Universul spiritual – sunt concepții ezoterice despre Univers, pe care savanții consacrați de obicei le ignoră... La rândul lor aceștia sunt ignorați de către adepții acestor concepții... Iată câteva afirmații referitoare la universul spiritual – preluate din cartea „*Spaţiu-timp şi dincolo de ele prin yoga – către o rxplicaţie iniţiatică a inexplicabilului casre permanent ne înconjoară*" , editura Anandakali, Bucureşti, 1994 (pag. 96 – 106)

- „*Universul fizic aproape că nu există independent de gândirea celui ce participă la el.*"

- „*Nu există început, nu există sfârşit, există doar o continuă prefacere.*"

- „*Pentru fiecare dintre noi un număr indefinit de universuri coexistă în simultaneitate (chiar şi atunci când nu ne dăm seama de aceasta – când nu conştienrizăm).*"

- „*Realitatea obişnuită pe care fiecare dintre noi om percepem graţie unor rezonanţe specifice nu este un singur univers.*"

4. IPOTEZĂ DESPRE CONSERVAREA GENERALIZATĂ ȘI ECHIVALENȚA GENERALIZATĂ

Este necesar mai întâi să se definească unele noțiuni importante, respectiv, noțiunile de substanță, energie, informație. Acestea au un grad mare de idealizare.

În diverse dicționare (în *"Dicționarul Explicativ"* și în *"Dicționarul de Filozofie"*, Editura Politică, București, 1978), se găsesc următoarele definiții pentru substanță (masă), energie, informație.

- **Substanță** – *"1) materie din care sunt formate lucrurile; substanță lichidă, substanță gazoasă, substanță solidă; 2) esență calitativă a materiei, care există prin sine însăși și constituie esența lucrurilor indiferent de varietatea și modificarea lor; 3) corp fizic omogen din punctul de vedere al structurii și al compoziției, substanță organică, substanță toxică; 4) parte concretă sau materială a lucrurilor și a fenomenelor; 5) parte constitutivă a unui lucru; conținut principal; esență."*

Din punct de vedere filozofic, substanța este definită astfel: 1) baza întregii existențe, esența comună a tuturor lucrurilor, în opoziție cu lucrurile individuale; substratul permanent al tuturor transformărilor; 2) ceea ce există prin sine (Spinoza), adică nu este atributul altui lucru, fiind, dimpotrivă, suportul oricărui atribut, al oricărei însușiri sau relații.

Pe de altă parte, noțiunea de substanță este corelată cu o altă noțiune și anume cu noțiunea de câmp. Într-o accepțiune tradițională, câmpul se definește ca fiind o stare de continuitate, iar substanța ca o stare de discontinuitate. Corpurile şi particulele materiale din care sunt constituite nivelurile fizice de organizare a materiei (molecule, atomi, particule elementare cu masă de repaus diferită de zero) sunt în general cuprinse în conceptul de substanţă, spre a fi deosebite de câmpuri (electromagnetice, gravitaţionale, nucleare, etc.).

Masa, pe de altă parte, se defineşte ca fiind o mărime caracteristică a unui corp, dată de raportul dintre forţa care se exercită asupra corpului şi acceleraţia pe care acesta o capătă; masa inertă, este o măsură a inerţiei corpurilor, iar masa grea, sau masa gravitaţională, este o măsură a capacităţii corpurilor de a crea câmp gravitaţional; se mai defineşte şi masa critică, aceasta este masa unui bloc de material radioactiv în care se poate produce o reacţie nucleară în lanţ. Se observă legătura dintre noţiunea de substanţă şi noţiunea de masă (acestea sunt interdependente).

- **Energia** - *1) mărime egală cu capacitatea unui sistem material de a efectua un lucru mecanic în procesul de transformare dintr-o stare în alta; tipuri: energie mecanică, energie termică, energie electrică, energie chimică, energie atomică; 2) capacitate de a acţiona efectiv, cu multă forţă şi fermitate; vitalitate fizică; 3) hotărâre şi perseverenţă în atitudini şi în acţiuni; a acţiona cu energie.*

Din punct de vedere filozofic, energia (în limba greacă *energheia* – "activitate"), se defineşte ca fiind capacitatea unui sistem fizic de a efectua lucru mecanic atunci când suferă o transformare dintr-o stare în alta. Energia este măsura mişcării sau mai precis, este măsura comună a diferitelor forme ale mişcării materiei. În cadrul fizicii clasice, se consideră că energia unui sistem fizic poate varia în mod continuu pentru diferitele sale stări; în domeniul mecanicii cuantice, se arată că în majoritatea cazurilor, la nivelul atomic sau nuclear, energia variază discontinuu.

- **Informaţia** - *1) date, indicaţii despre ceva sau cineva; 2) semnal material capabil să declanşeze o reacţie a unui sistem.*

Informaţia este o noţiune centrală în teoria comunicaţiilor şi în cibernetică şi se referă la structura unui mesaj şi la eficacitatea sau la semnificaţia unui semnal.

În teoria matematică a informaţiei elaborată de Shannon, se dă o măsură a informaţiei legată de înlăturarea printr-un mesaj a unei incertitudini cognitive (înlăturarea unei nedeterminări) în privinţa realizării unui eveniment. Cantitatea de informaţie este o funcţie logaritimică a diversităţii câmpului de evenimente; unitatea de măsură care foloseşte logaritmul în baza 2 este un bit. Pentru caracterizarea diversității medii se folosește *entropia*, funcție numai de probabilitatea evenimentelor: $H = \sum P_j \log P_j$ – suma probabilităților câmpurilor statistice înmulțite cu logaritmul acestor probabilități.

Teoria matematică a informației, poate fi folosită și la studiul diversității statistice sau al specificității unui obiect; se vorbește, de exemplu de informația ereditară. Actualmente, în cibernetică este tot mai pronunțată tendința de a da informației un sens obiectiv, în funcție de legătura prin semnale între sisteme sau subsisteme (energie purtătoare de informație) și de specificitate (informație structurală); informația este "folosită" în caracterizarea ordinii și a organizării specifice, în studiul proceselor neurologice, în termodinamică (informația ca negentropie), în evoluționism.

Având în vedere aceste definiții, consider că, în principiu, substanța (masa), energia și informația pot fi definite în felul următor...

=> Noțiunea de **substanță (masă)** – semnifică, în general, *"ceea ce are consistență"*, *"ceea ce poate interacționa"*.

=> Noțiunea de **energie** – semnifică, în general, *"ceea ce produce acțiune"* și în același timp, *"ceea ce susține o anumită stabilitate"*.

=> Noțiunea de **informație** – semnifică în general, *"ceea ce generează o anumită ordine sau o anumită structură și susține o anumită evoluție"*.

După cum se știe, există mai multe tipuri de informație, spre exemplu, informația mecanică, informația chimică, informația cosmică, informația tehnică, informația biologică sau bioinformația (informația din sistemele biologice), având rol în reglare, comunicație, reflectarea realității, conservarea și transmiterea în spațiu și timp a unor caracteristici ale vieții (memorie, ereditate, etc.); în domeniul bioinformației intră acizii nucleici, hormonii, neuronii, semnalele fizice interindividuale, etc.; prin macromolecule biologice de înaltă specificitate (acizi nucleici și proteine). De altfel chiar există anumite raporturi între diferitele categorii sau tipuri de informație.

Spre exemplu, informația anorganică este inclusă în informația organică, iar aceasta este inclusă în informația biochimică; informația biochimică aparține informației subcelulare, care aparține, mai departe, informației celulare, aceasta aparține informației morfofuncționale și mai departe, aceasta aparține informației psihologice. Așadar, se mai poate spune că informația reprezintă organizarea unui sistem.

Spre a putea fi înţeleasă informaţia de un anumit tip, aceasta trebuie raportată la structura subsistemelor pe care le generează şi asupra cărora operează (trebuie precizat că aceste subsisteme sunt în raporturi de integrare, respectiv un subsistem este integrat în alt sistem) (figura 3). Fiecare tip de informaţie generează un anumit tip de structură şi este asociată cu un anumit sistem. (Neacşu C, "Informaţia biologică", Editura Ştiinţifică şi Enciclopedică, Bucureşti, 1982).

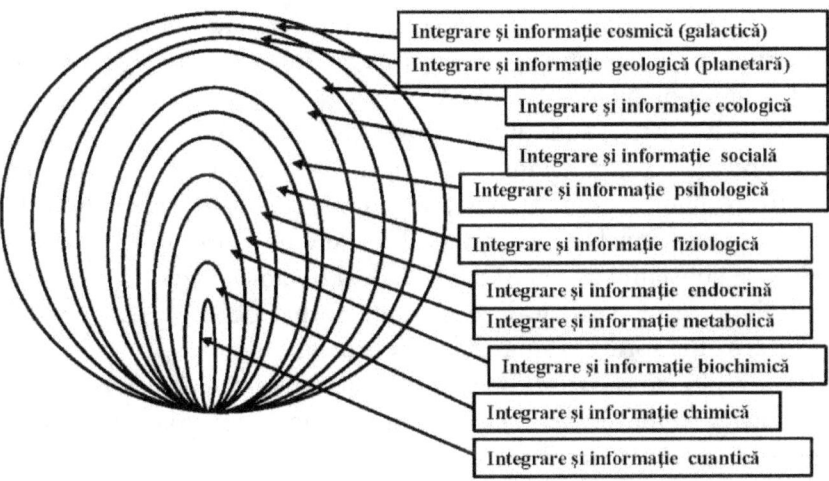

Integrare şi informaţie cosmică (galactică)
Integrare şi informaţie geologică (planetară)
Integrare şi informaţie ecologică
Integrare şi informaţie socială
Integrare şi informaţie psihologică
Integrare şi informaţie fiziologică
Integrare şi informaţie endocrină
Integrare şi informaţie metabolică
Integrare şi informaţie biochimică
Integrare şi informaţie chimică
Integrare şi informaţie cuantică

Figura 3 Integrarea subsistemelor şi informaţia asociată

Este de amintit că în articolul *"Arhitectura matematicii"*, Nicolas Bourbaki, stabilea trei tipuri fundamentale de structuri matematice: *structura algebrică, structura de ordine* şi *structura topologică*.

"Trăsătura comună a diverselor noţiuni cuprinse sub numele generic de structură matematică este că ele se aplică unor mulţimi de elemente, a căror natură nu este specificată; pentru a deveni o structură, se dau una sau mai multe relaţii, în care intervin aceste elemente. Se postulează pe urmă că acolo unde relaţiile date satisfac anumite condiţii (care sunt enumerate) acestea sunt axiomele structurii considerate."

Atunci când relaţiile care definesc o structură sunt "legi de compoziţie" structura corespunzătoare se numeşte structură algebrică; structurile definite printr-o relaţie de ordine, se numesc structuri de ordine (un caz particular îl constituie structura de ordine temporală, prin care spre exemplu, un eveniment oarecare este precedat de alt eveniment sau precede alt eveniment); structurile topologice, sau topologiile - acestea oferă o formulare matematică abstractă pentru noțiunile intuitive de vecinătate, limită și continuitate, noțiuni la care suntem conduși de concepția noastră despre spațiu.

Efortul de abstractizare pe care îl necesită enunțarea axiomelor unei asemenea structuri este net superior efortului de abstractizare depus în cazul celorlalte tipuri de structuri. (Nicolas Bourbaki – *"Arhitectura matematicii"*, în volumul *"Logică și filozofie - orientări în logica modernă și fundamentele matematicii"*, Editura Politică, București, 1966).

Toate aceste structuri matematice fundamentale sunt generate de anumite tipuri esențiale de informații (informațiile algebrice, de ordine și topologice).

Pe de altă parte, sunt diverse tipuri de energie (mecanică – cinetică și potențială, gravitațională, termică, electrică, magnetică, electromagnetică, atomică, nucleară, chimică, etc.), precum și tipuri de masă (gravitațională și inerțială). În afară de aceasta, există multe tipuri de substanțe chimice (anorganice și organice).

Căldura este cea mai dezorganizată formă de energie și tinde să reducă, să micșoreze o anumită complexitate.

Exemple de surse de caldură: surse mecanice (frecarea), surse electrice (efectul termic al curentului electric), surse magnetice, surse electromagnetice (microunde), surse radioactive (reacții nucleare exoterme – reacțiile nucleare de fisiune), surse chimice (reacții chimice exoterme), surse biologice, surse geologice (vulcani), surse cosmice... Toate aceste surse induc într-un fel sau altul o anumită dezorganizare.

Pe de altă parte, se poate considera existența unei temperaturi maxime absolute (eventual temperatura care exista la începutul Universului). Se știe că temperatura minimă absolută (zero Kelvin) reprezintă temperatura la care anumite tipuri de mișcare (translația, rotația) nu se mai manifestă. Dincolo de limita aceasta maximă de temperatură, materia fie că s-ar "dezagrega", fie că s-ar manifesta alte tipuri de mișcări. Această temperatură ar putea fi determinată, eventual prin calcul, ținând cont că temperatura constituie o măsură a mișcării sau agitației atomilor, ionilor, moleculelor... Când aceste mișcări sau agitații ating viteze foarte mari (când viteza lor medie tinde către viteza luminii în vid) s-ar atinge temperatura maximă absolută.

S-ar putea imagina un Univers termic, limitat de valori ale

temperaturii cuprinse între zero absolut şi un maxim absolut... De aici se poate stabili şi o valoare maximă pentru <u>entropia</u> unui sistem (gradul de dezorganizare). Entropia nu poate creşte oricât de mult, ci numai până la o anumită limită maximă, care poate fi stabilită...

În altă ordine de idei, se poate afirma că în cazul în care un anumit tip de energie se transformă în căldură (energie termică) aceasta conduce la o degradare a complexităţii.

Pentru o imagine de ansamblu privind energia şi informaţia se prezintă în tabelele 3 şi 4, echivalarea unor energii şi a unor informaţii.

(*"Agenda tehnică"*, Editura Tehnică, Bucureşti, 1990)

Tabelul 3 Echivalarea unor energii (1 W x s = 1 J = 1 N x m)

Starea de fapt >>> Energia (W x s)
- Energia unei cuante de lumină >>> 3,02 x 10 - 19
- Energia cinetică a unei molecule de gaz la $20\,^0C$ >>> 6,067 x 10 - 21
- Energia de repaus a unui electron >>> 8,175 x 10 - 14
- Sensibilitatea minimă la atingerea pielii >>> 4,2 x 10 - 9
- Topirea unui fulg de zăpadă >>> 1 x 10 - 2
- Lucrul mecanic corespunzător unei bătăi de inimă umane >>> 1,1
- Încălzirea unui kilogram de apă cu $1\,^0C$ >>> 4,187 x 10 3
- Conţinutul energetic al unui gram de grăsime >>> 3,9 x 10 4
- Energia consumată zilnic de inima umană >>> 1,1 x 10 5
- Fulger mediu >>> 1,3 x 10 5
- Căldura de topire a unui kilogram de gheaţă >>> 3,35 x 10 5
- Capacitatea unei baterii auto de 48 A h, 6 V >>> 1,04 x 10 6
- Energia necesară zilnic unui om (30-35 ani) – activitate uşoară >>> 1 x 10 7
- Energia necesară zilnic unui om (30-35 ani) – muncă grea >>> 1,28 x 10 7
- 1 kg de huilă >>> 2,93 x 10 7
- Energia necesară pentru producerea unei tone de oţel OL în furnal >>> 1,94 x 10 10
- 1 kg U – 235 (uraniu) la fisiune >>> 7,56 x 10 13
- Potenţialul total al mareelor >>> 8,988 x 10 13
- Mari cutremure de pământ >>> 4,2 x 10 14

- Energia cinetică a unui uragan (1,5 x 10 6 M W h – Mega Watt oră) >>> 5,4 x 10 15
- Radiaţia anuală a tuturor stelelor pe Pământ >>> 1,13 x 10 17
- Radiaţia anuală a Lunii asupra Pământului >>> 5, 61 x 10 19
- Conversia mondială de energie prin fotosinteză >>> 1, 23 x 10 21
- Radiaţia totală a Soarelui asupra Pământului >>> 5,36 x 10 24
- Energia de rotaţie a Pământului în jurul axei proprii >>> 2,16 x 10 29
- Radiaţia totală a Soarelui în spaţiul cosmic >>> 1,22 x 10 34
- Energia echivalentă a masei Soarelui >>> 1,789 x 10 47
- Energia echivalentă a galaxiei Calea Lactee >>> 4,3 x 10 58
- Energia echivalentă a masei Universului >>> 9 x 10 70

W – watt (unitatea de măsură pentru putere), J – joule (unitatea de măsură a energiei), s – secundă, N – Newton – unitatea de măsură a forţei, m – metru.

Tabelul 4 Echivalarea unor cantităţi de informaţii

Starea de fapt >>> Cantitatea de informaţie (BIT)
- Numărare timp de un minut = 3,3 bit/s >>> 198
- Dactilografiere timp de un minut >>> 960
- Un minut cântat la pian = 22 bit/s >>> 1320
- O pagină tip A4 dactilografiată cu 2000 semne, S = 2000 semne x 8 bit /semn >>> 16000
- Conţinutul ecranului unui terminal, S = 20 rânduri x 30 semne / rând x 8 bit / semn >>> 1,28 x 10^4
- Ecran televizor >>> 3,1 x 10^5
- Convorbire telefonică >>> 3,1 x 10^5
- Dischetă pentru un microcalculator >>> 1,049 x 10^6
- Disc Hi - Fi >>> 2 x 10^6
- Memoria microcalculatoarelor actuale (anul 1990) >>> 2,097 x 10^6
- Termeni tehnici în electrotehnică: 60000 termeni, circa 10 bit / cuvânt; S = 60000 x 10 x 8 >>> 4,8 x 10^6
- Primul satelit de telecomunicaţii Telstar, 60 convorbiri telefonice x 307200 bit/min >>> 1, 843 x 10^7
- Termeni tehnici în medicină; 200000 termeni >>> 2 x 10^7

- Productivitatea orară a unei imprimante rapide: 1250 rând/min; 160 semne / rând >>> 9,6 x 10^7
- Imagini preluate de ochiul omenesc (14 imagini / secundă) >>> 7,9 x 10^8
- Satelitul Intelsat VI (1986) 33000 convorbiri telefonice concomitant; 33000 x 307200 bit / min >>> 1,014 x 10^{10}
- Cea mai mare memorie de lucru existentă în anul 1985 (CRAY 2) >>> 1,678 x 10^{10}
- 100000 reviste științifice (numărul din anul 1990) S = 100000 x 100 x 6000 x 12 x 8 >>> 5, 76 x 10^{12}
- Volumul de date transmis zilnic de sateliții de televiziune, la viteza de 100 Mbit/s S = 100 x 1,048 x 10^6 x 86400 >>> 9,06 x 10^{12}
- Capacitatea de memorare a creierului omenesc >>> 10^{14}

Notă

În principiu se poate face o anumită corelare între cantitatea de energie și cantitatea de informație. Forma acestei corelații ar putea fi de forma:

I = a * exp (b * E), unde a > 0 – constantă; b < 1 – constantă, I – cantitatea de informație, E – cantitatea de energie.

Din date empirice, se consideră pentru constante, valorile a = 496,61 bit și b = 0,000008 J^{-1}, și atunci se poate echivala cantitatea de energie și cantitatea de informație; spre exmplu, cantitatea de informație corespunzătoare unui fulger mediu este de 1402 bit; cantitatea de informație corespunzătoare încălzirii unui kilogram de apă cu un grad Celsius este de 512 bit; cantitatea de informație corespunzătoare topirii unui fulg de zăpadă este de 496 bit (echivalent cu numărarea timp de două minute și jumătate).

Pe de altă parte, este de subliniat că dincolo de stările extreme sau stările limită de referință pentru substanță, energie și informație și anume haosul și vidul, nu se mai poate cunoaște nimic.

Haosul și vidul, sunt definite în cele ce urmează.

- **Haos, haosuri** - 1) (în mitologia și în filozofia greacă veche) - spațiu nemărginit conceput ca un amestec confuz de elemente materiale, care ar fi existat până la apariția lumii; 2) dezordine completă; confuzie generală.

În "*Dicționarul de Filozofie*", haosul este prezentat ca fiind spațiul primordial, reprezentat în mitologia elină, potrivit lui Hesiod

("Theogonia"), ca nemărginit, "cufundat în beznă și acoperit de neguri". Existent înaintea tuturor lucrurilor, haosul ar fi dat naștere Pământului, Dragostei, Întunericului și Nopții, care, la rândul lor, împreună, ar fi zămislit întreaga existență. Reprezentările despre o stare primordială, de neorganizare a materiei, care ar fi precedat constituirea Universului armonios (a cosmosului) sunt proprii și teoriilor cosmogonice ale unor filozofi greci.

- **Vid, vidă** - care este lipsit de materie ponderabilă; care este deșert; gol.

Haosul și vidul, reprezintă așadar, stările primordiale ale Universului... Orice entitate, orice existență, orice realitate din Univers, orice substanță, orice energie, orice informație, orice ordine sau structură, se raportează la haos și la vid. Spațiul și timpul se raportează de asemenea la haos și la vid. Totul începe de la haos și de la vid.

În continuare, problema se pune în felul următor.

Se știe că în orice proces, cantitățile de substanță și de energie se conservă, acestea "nu se pierd, nu se câștigă", ci se transformă. În general se poate extinde acest principiu, în sensul că în orice proces cantitățile de substanță, energie și informație sunt constante (se conservă). Un exemplu care ilustrează afirmația precedentă este următorul caz. În cursul reacției chimice de obținere a moleculei de acid clorhidric, cantitățile de substanță (masă), de energie - conținută în moleculele de hidrogen și clor și cea provenită din mediul de reacție (energia electromagnetică), precum și cantitatea de informație stocată în molecula de hidrogen și clor se conservă, sunt, cu alte cuvinte, conținute în molecula rezultată, respectiv molecula de acid clorhidric.

De altfel, proprietățile moleculei de acid clorhidric sunt datorate mixării sau compunerii informațiilor conținute în moleculele "simple" de hidrogen și clor.

Lavoisier definea legea conservării astfel: *"În natură nimic nu se pierde, nimic nu se câștigă, totul se transformă"*.

Conservarea energiei este definită în termodinamică, astfel: energia care intră într-un sistem este egală cu energia care iese din sistem, adică nu este posibilă crearea sau dispariția energiei.

Σ E$_j$ = constant (Σ E$_j$ – suma cantităților de energie a unor componente "j" ale unui ansamblu sau sistem sau proces).

În fizica nucleară, conservarea masei, conservarea impulsului, conservarea momentului cinetic, conservarea spinului, etc. sunt legi fundamentale. Conservarea masei arată că suma maselor care intră într-o reacție nucleară este egală cu suma maselor care ies din reacția nucleară, respectiv, $\Sigma\ M_j$ = constant, şi în general, $\Sigma\ S_j$ = constant, unde $\Sigma\ S_j$ – suma cantităților de substanță (masă) a unor componente "j" ale unui ansamblu sau sistem sau proces.

În ceea ce priveşte conservarea informației, aceasta nu este atât de evidentă, formularea acesteia este mai dificilă. Totuşi, există diverse intuiții asupra acesteia.

Printre cele mai vechi formulări ale acestei "legi", o găsim în Biblie, în Eclesiastul sau Propovăduitorul, după cum urmează:

"9. Ce a fost, va mai fi, şi ce s-a făcut, se va mai face; nu este nimic nou supt soare." (Cap.3.1.); sau... "...la început a fost cuvântul..."

(Dar... cuvântul ce este ? Este INFORMAȚIE, informație care este echivalentă şi se poate transforma în materie - substanță, energie, câmpuri fizice, spațiu, timp, sisteme, etc.- şi reciproc...)

Însă o recunoaştere certă a conservării informației, nu a fost făcută. Ca şi în cazul conservării energiei şi masei (substanței) şi informația se conservă. În fond nici informația nu poate apare din nimic şi nici nu poate dispare. Astfel încât se poate afirma în esență acelaşi lucru. În orice proces, suma cantităților de informație (care intră sau care ies din sistem) este constantă: $\Sigma\ I_j$ = constant.

Aşadar, se poate da o formulare generalizată a conservării pentru energie, substanță (masă) şi informație: pentru orice sistem şi în orice proces cantitățile de energie, de masă (substanță) şi informație sunt constante.

$$\{\ \Sigma\ Ej,\ \Sigma Sj,\ \Sigma\ Ij\ \} = \text{constant}$$

Conservarea generalizată implică echivalența generalizată, care poate fi formulată succint astfel: *cantitățile de substanță, de energie, de informație sunt echivalente.*

Substanța (masa), energia şi informația sunt interdependente (figura 4).

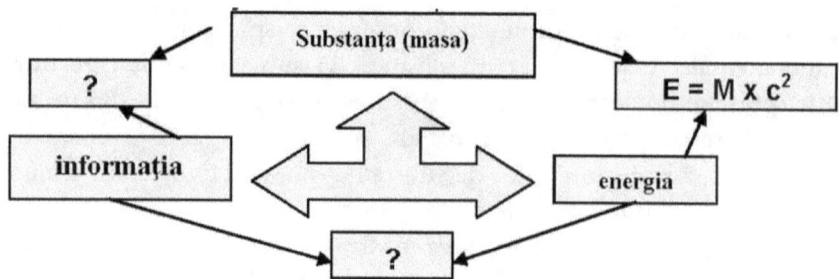

Figura 4 Interdependenţa substanţă (masă) – energie - informaţie

Posibilităţi evidente:

• Într-un proces, o anumită cantitate de informaţie este echivalentă cu anumite cantităţi de substanţă şi energie.

• O anumită cantitate de substanţă este echivalentă cu anumite cantităţi de informaţie şi energie.

• O anumită cantitate de energie este echivalentă cu anumite cantităţi de substanţă şi informaţie.

Orice creştere a informaţiei se poate face pe seama transformării sau consumării substanţei şi energiei (în cazul unui sistem finit închis).

(Un exemplu simplu, banal: oricine vrea să obţină o informaţie, de pildă dacă vrea să ştie ce suprafaţă are un anumit teren, trebuie să măsoare acel teren, dar pentru a măsura terenul respectiv, trebuie să consume o anumită energie. Informaţia înseamnă putere, tocmai pentru că, de fapt înseamnă energie şi substanţă echivalentă).

Un caz particular de echivalenţă a fost evidenţiat de către Albert Einstein, prin celebra formulă $E = M \times c^2$, prin care se arată echivalenţa dintre energie şi masă (substanţă).

Referitor la această echivalenţă (numită şi relaţia lui Einstein a interdependenţei dintre masă şi energie), aceasta se poate descrie astfel:

"Oricărei variaţii Δm a masei unui corp îi corespunde o variaţie ΔE a energiei lui egală cu $\Delta m c^2$ ($\Delta E = \Delta m c^2$) şi oricărei variaţii ΔE a energiei corpului îi corespunde o variaţie a masei lui egală cu $\Delta E / c^2$ ($\Delta m = \Delta E / c^2$, $c = 3 \times 10^8 m/s$)."

Spre exemplu la formarea unui nucleu va trebui să se degaje o cantitate de energie ΔE corespunzătoare scăderii Δm a masei lui.

(Dissescu C., A., et al – *"Fizică şi climatologie agricolă"*, Editura Didactrică şi Pedagogică, Bucureşti, 1971, pag. 236).

Ecuaţia aceasta, $E = M \times c^2$ poate să sugereze următoarele posibilităţi:

- Echivalenţa dintre masă şi energie.

- Viteza luminii c este o limită de deplasare a obiectelor, impusă de energiile şi masa din din ACEST UNIVERS, cunoscute în secolul XXI, dar nu şi pentru ALTE energii (nu trebuie să ne facem iluzii că ştiinţa va rămâne aceeaşi cum este acum peste... două sute de ani să zicem; ceea ce este acum mecanica newtoniană pentru teoria relativităţii, tot astfel va fi şi teoria relativităţii pentru o altă teorie care va fi creată în viitor).

- Energie şi masa sunt purtătoare de informaţie (sau altfel spus sunt suporturi de informmaţie – astfel orice energie poartă o informaţie, orice masă sau substanţă poartă o informaţie anumită, nu există energie sau masă care să nu conţonă intrinsec şi informaţie sau care să fie vidă de informaţie). Ca urmare, formula sugerează că echivalenţa poate fi extinsă şi pentru informaţie, astfel încât să fie posibilă o transformare – aşadar o echivalenţă extinsă între informaţie, energie şi masă (şi în general, substanţă).

Pentru relaţiile de echivalenţă substanţă (masă) – informaţie, apoi energie – informaţie şi respectiv substanţă (masă) – energie – informaţie, relaţiile, par a fi mai complicate.

Sunt însă unele indicii de formalizare a acestor relaţii.

O posibilitate ar fi să se postuleze relaţia de echivalenţă informaţie – energie, respectiv o formulă de tipul: $I = \partial \hbar / kT \cdot \exp(bE)$, unde:

a, b - constante, $\hbar$ – constanta lui Plank redusă ($\hbar = h / 2\pi$, constanta lui Plank $h = 6{,}626176 \times 10^{-34}$ J x s, J – Joule, unitatea de măsură a energiei, s - secundă), k – constanta lui Boltzmann (k = $1{,}380662 \times 10^{-23}$ J/K, J - Joule, K - Kelvin, unitatea de măsură a temperaturii) , iar I şi E sunt cantităţile de informaţie şi respectiv energie, T este temperatura sistemului finit închis; este de subliniat influenţa esenţială a temperaturii asupra proceselor informaţionale).

O altă posibilitate ar fi să se plece de la relaţia de nedeterminare a lui Heisenberg, pentru energie – timp şi de la relaţia lui Shannon pentru informaţie, ajungându-se în final la relaţii simultane de tipul: $E = I \times \hbar / i$ sau $E = (-\Sigma^n_1 P_j \log P_j) \times \hbar / i$, simultan cu nedeterminarea informaţie-timp (analogul relaţiei de nedeterminare Heisenberg, energie – timp): $\Delta I \times \Delta t \geq i$,

unde: E – energia, I – informaţia, $\hbar$ – constanta lui Plank redusă, i – constanta elementară limită de informaţie sau constanta informaţiei minime (care nu este neapărat egală cu un bit-secundă, poate avea şi o altă valoare care urmează să fie determinată), $\Sigma P_j \log P_j$ – suma probabilităţilor câmpurilor statistice înmulţite cu logaritmul acestor probabilităţi.

De aici rezultă imediat, pentru relaţia informaţie - substanţă (masă):

$$m = I \times \hbar/ic^2$$

de asemena simultan cu nederminarea în interval informaţional-interval temporal $\Delta I \times \Delta t \geq i$, unde m – masa, iar c^2 – viteza luminii la pătrat.

Revenind la conservarea generalizată, aceasta mai poate fi scrisă:

$$\sum S_j \oplus \sum E_j \oplus \sum I_j = K_j$$

$\sum S_j$ – suma cantităţilor de substanţă (masă) a unor componente "j" ale unui ansamblu sau sistem sau proces; $\sum E_j$ – suma cantităţilor de energie; $\sum I_j$ – suma cantităţilor de informaţie, unde K_j – constantă, iar semnul $\sum$ este "adunarea" sau "suma generalizată" (este un operator abstract care permite integrarea cantităţilor de substanţă, energie şi informaţie).

NOTE

1. Referitor **la nedeterminarea informaţiei.**

Alături de nedeterminarea poziţie – impuls (în cadrul unui experiment fie se determină impulsul, fie poziţia, dar niciodată simultan) şi de nedeterminarea energie – timp, se mai poate include şi alte tipuri de nedeterminări care pot avea unele implicaţii.

Astfel, sunt două variante.

Varianta A
Nedeterminările sunt:
- nedeterminarea poziţie – impuls: $\Delta P \times \Delta X \geq \hbar$
- nedeterminarea energie – timp: $\Delta E \times \Delta t \geq \hbar$
- nedeterminarea informaţie – timp, se poate scrie $\Delta I \times \Delta t \geq it$ (ΔI - cantitatea de informaţie, Δt – intervalul de timp, it – constanta minimă de informaţie corespunzătoare timpului, această constantă poate să fie de un bit-secundă, dar poate avea şi altă valoare).

- Nedeterminarea informaţie – poziţie: $\Delta I \times \Delta x \geq ix$ (constanta minimă de informaţie corespunzătoare poziţiei).

- nedeterminarea informaţie – energie, care se poate scrie: $\Delta I / \Delta E \geq i / \hbar$

- nedeterminarea informaţie – impuls, care se poate scrie: $\Delta I / \Delta P \geq i / \hbar$

Pentru exemplificare, se consideră următoarele cazuri.

> <u>Nedeterminarea informaţie – timp, $\Delta I \times \Delta t \geq i$</u>

- Dacă $\Delta t \to 0 \Rightarrow \Delta I \to \infty$ (dacă intervalul de timp tinde la zero, atunci rezultă că informaţia tinde la infinit; este ceea ce se pare că s-a întâmplat în cazul modelului de Univers Big Bang – în momentul acela de timp inimaginabil de scurt, practic apropiat de zero, concentraţia de informaţie în Univers, sau în singularitate era infinită). Altfel spus, în intervale scurte de timp, informaţia se acumulează, se rafinează, se formează şi se consolidează structuri; procesele rapide sunt favorizate.

- Dacă $\Delta t \to \infty \Rightarrow \Delta I \to 0$ (dacă intervalul de timp este infinit – altfel spus timpul devine etern – atunci rezultă că informaţia tinde la zero – altfel spus, eternitatea nu poate fi cunoscută !). Altfel spus, în intervale lungi de timp, informaţia se degradează, structurile se descompun; procesele lente sunt defavorizate. Deci cu cât intervalul de timp este mai scurt, cu atât cantitatea de informaţie este mai mare – într-adevăr, din ceea ce se ştie, toate procesele informaţionale semnificative au loc în intervale de timp scurte; procesele nucleare, procesele chimice, procesele biologice, procesele neurologice, procesele electronice sau cibernetice, în care se transferă şi se vehiculează cantităţi mari de informaţii, au loc la intervale de timp foarte mici, de fracţiuni de secundă.

La intervale de timp mai mari, cantităţile de informaţii corespunzătoare sunt mai mici; în procesele geologice sau cosmice, care au loc în intervale mari de timp, informaţiile vehiculate sunt mai mici.

Pentru exemplificare să considerăm unităţile Planck: lungimea Planck $l_P = 1,61609735 \times 10^{-35}$ m; timpul Planck $t_P = 5,3907205 \times 10^{-44}$ s.

Considerând nedeterminarea $\Delta I \times \Delta t \geq it$ atunci, efectuând calculele, obţinem pentru cantitatea de informaţie corespunzătoare timpului elementar Planck,

$\Delta I_P \geq 0{,}1855 \times 10^{44} \times i_t$ (în care putem să alegem că it, constanta minimă de informaţie corespunzătoare timpului, este de un bit-secundă), atunci

$\Delta I_P \geq 0{,}1855 \times 10^{44}$ bit, ceea ce reprezintă limita minimă de informaţie care ar fi putut să existe la începuturile Universului nostru, informaţie care exista în momentul Big Bang şi care apoi s-a transformat în energie şi substanţă). (Capacitatea de memorare a creierului omenesc este de 10^{14} bit).

Densitatea informaţională Planck a unei sfere având raza corespunzătoare lungimii elementare Planck, în care este stocată o cantitate de informaţie ΔIP corespunzătoare timpului Planck, precizată, este, după efectuarea calculelor,

$\varrho_P \geq 0{,}156474 \times 10^{148}$ bit/m3.

• <u>În cazul nedeterminării informaţie – energie</u>, considerând energia corespunzătoare masei Universului (care este de 9×10^{70} J), nedeterminarea informaţională este $\Delta I \geq 8{,}5343 \times 10^{104}$ bit; ceea ce este foarte posibil să reprezinte limita minimă a tuturor structurilor din Univers, cu alte cuvinte, toate structurile din Univers conţin o cantitate de informaţie de cel puţin $8{,}5343 \times 10^{104}$ bit.

<u>Varianta B</u>
Nedeterminările sunt:
- nedeterminarea poziţie – impuls: $\Delta P \times \Delta X \geq \hbar$
- nedeterminarea energie – timp: $\Delta E \times \Delta t \geq \hbar$
- nedeterminarea informaţie – timp, se poate scrie $\Delta I / \Delta t \geq it$ (ΔI - cantitatea de informaţie, Δt – intervalul de timp, it – constanta minimă de informaţie corespunzătoare timpului, această constantă poate să fie (<u>în acest caz, adică în varianta B</u>) de un bit/secundă, dar poate avea şi altă valoare.
- nedeterminarea informaţie – poziţie: $\Delta I / \Delta X \geq i_x$;
- nedeterminarea informaţie – energie, care se poate scrie: $\Delta I \times \Delta E \geq i / \hbar$
- nedeterminarea informaţie – impuls, care se poate scrie: $\Delta I \times \Delta P \geq i / \hbar$

Spre exemplu, în cazul nedeterminării informaţie – energie, considerând energia corespunzătoare masei Universului (care este de 9×10^{70} J), nederminarea informaţională este $\Delta I \geq 0{,}10535 \times 10^{-36}$ bit; una dintre semnificaţiile acestei relaţii de nedeterminare este că odată cu creșterea energiei, scade cantitatea de informație, respectiv crește incertitudinea, în general la energii foarte mari structurile complexe, se distrug (spre exemplu, creierul uman care este o structură extrem de complexă, este stabilă la energii relativ mici, la energii mari creierul este distrus).

Cu toate acestea, varianta aceasta nu arată decât o limitare a cunoașterii. Astfel, să considerăm nedeterminarea informație – timp, $\Delta I / \Delta t \geq i$ și să mai considerăm pentru Δt, timpul Planck $t_P = 5,3907205 \times 10^{-44}$ s.

În acest caz, $\Delta I \geq 5,3907205 \times 10^{-44}$ bit (considerând, în această relație, $i = 1$ bit/s), ceea ce înseamnă că dincolo de acest timp elementar, timpul Planck, nu se poate cunoaște nimic, niciodată...

În acest context, Fred Alan Wolf a subliniat următorul aspect:

„Nimeni nu știe exact cum are loc apariția bruscă din posibilul imaginar în real. Nimic din fizica cuantică nu prezice această apariție. Totuși, această „apariție" bruscă a realității este baza principiului incertitudinii, al lui Werner Heisenberg. Numit și „principiul indeterminismului", principiul incertitudinii reflectă incapacitatea de a prezice viitorul pe baza trecutului sau pe baza prezentului. Cunoscut ca piatra de hotar a fizicii cuantice, acesta ne ajută să înțelegem de ce lumea pare să fie făcută din evenimente care nu pot fi conectate în termeni de cauză și efect."

(Fred Alan Wolf – *„Dr. Quantum și cărticica marilor idei: unde știința se contopește cu spiritualitatea"*, Editura PRESTIGE, 2010, trad. Cristiana Laura, pag. 116).

Cu alte cuvinte, există o limită a cunoașterii de fapt, fiindcă asta înseamnă incapacitatea de a prezice viitorul pe baza trecutului sau pe baza prezentului...

Pentru dezvoltarea cunoașterii, așadar, este de preferat prima variantă...

2. Exemple de echivalență energie – substanță - informație.

Pentru a ilustra această echivalență, se dau mai multe exemple.

• Procesul numit fotosinteză. Fotosinteza este un proces de fixare a dioxidului de carbon din <u>atmosferă</u> de către <u>plantele</u> verzi (cu <u>clorofilă</u>), în prezența radiațiilor <u>solare</u>, cu eliminare de oxigen și formare de compuși organici (<u>glucide</u>, <u>lipide</u>, <u>proteine</u>) (http://ro.wikipedia.org/).

Energia este reprezentată de radiațiile solare. Informația este în acest caz denumită informație condensată și este reprezentată de structura organică, iar substanța este reprezentată de compușii organici, precum și de oxigen, iar echivalența este realizată prin procesul numit fotosinteză.

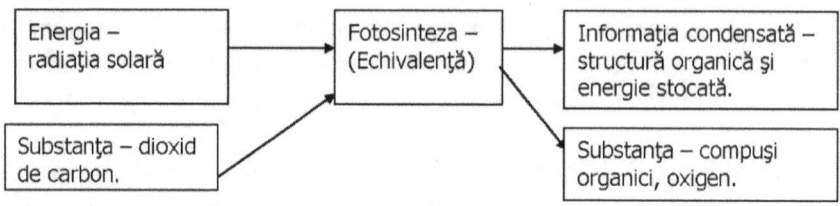

• Echivalența inversă, informatie – energie - substanță, se realizează prin procesul numit ardere (**arderea** sau **combustia** este o reacție chimică exotermă între un combustibil și un oxidant, însoțită de degajare de căldură și, uneori, și de lumină - flacără) (http://ro.wikipedia.org/). Prin ardere se produce degradarea informației sau altfel spus, are loc dezagregarea structurii organice.

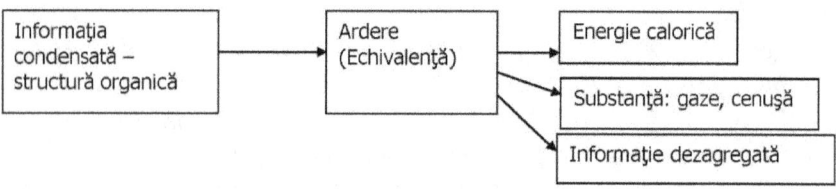

• Alt exemplu îl constituie reacțiile nucleare de fuziune și de fisiune, în care tipul de energie este energia nucleară, tipul de informație condensată este structura nucleară, iar tipul de substanță este reprezentat de substanța nucleară (masa nucleului atomic). Și aici au loc echivalențe sau transformări între aceste tipuri de energie, informație și substanță; în acest caz, echivlența este realizată prin procesele de fuziune sau de fisiune...

În cadrul raportului dintre energie și ordine (care este o formă de informație) sunt posibile două situații.

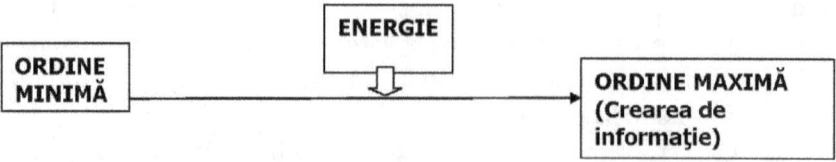

Prima situaţie.

În acest caz, un sistem caracterizat printr-o ordine internă minimă, poate primi <u>energie</u> de la o anumită sursă, dar nu oricât, ci numai o energie medie sau suficientă, astfel încât să se realizeze o ordine maximă (prin care se creează informaţie); fără acea energie nu se realizează acea ordine maximă; este cazul substanţelor organice formate prin procesul de fotosinteză, datorată energiei solare. Crearea ordinii sau a informaţiei se realizează numai în urma unui anumit consum de energie.

A doua situaţie.

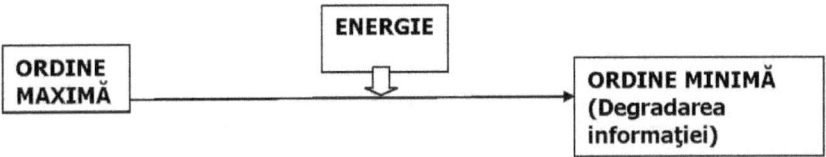

În acest caz, un sistem caracterizat printr-o ordine internă maximă poate primi <u>energie</u> de la o anumită sursă, dar o energie foarte mare, o energie distructivă, care să distrugă, să reorganizeze, să degradeze ordinea respectivă.

Sunt posibile şi situaţiile în care are loc o degajare de energie, atunci când se face tranziţia de la un tip de ordine la alt tip de ordine.

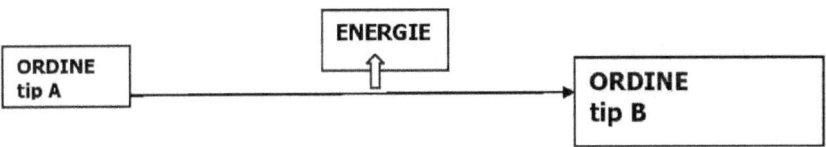

• În cazul măsurătorilor sau al determinărilor din orice domeniu ştiinţific, au loc echivelenţe între energii, informaţii şi subsanţe...

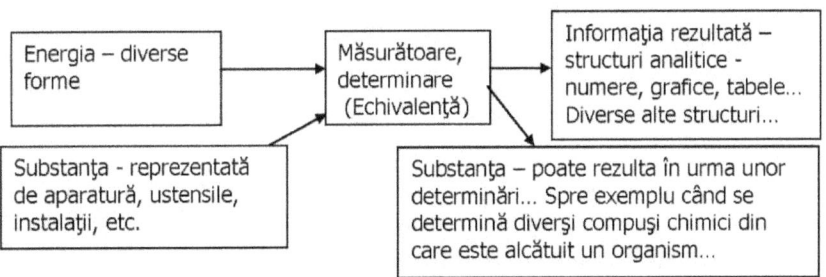

• În societate, echivalenţa dintre energie, substanţă şi informaţie este remarcabilă şi se evidenţiază spre exemplu prin procesele economice. Orice proces economic presupune transferuri de informaţii (în acest caz informaţiile sunt reprezentate de structurile financiare) şi de substanţe (în acest caz substanţa este reprezentată prin mărfuri sau diverse produse), pe baza unui consum de energie...

3. Referitor la evoluţia Universului.

Spre exemplu, în cadrul modelului de Univers fierbinte (modelul a fost iniţiat de către G. Gamow şi dezvoltat de către Dicke şi de alţii) se consideră că în faza iniţială Universul se găseşte într-o stare de maximă concentrare la o temperatură foarte înaltă. Prin expansiune, substanţa cosmică începe să se răcească şi compoziţia ei, precum şi densitatea, energia şi temperatura se va modifica în decursul timpului. Caracteristicile fizice (temperatura, vârsta, densitatea şi energia) ale diferitelor perioade sunt arătate în tabelul 5.

Tabelul 5 Caracteristicile perioadelor de evoluţie ale Universului

* **Perioada de evoluţie >>> Temperatura 0 K >>> Timpul (durata, vârsta) >>> Densitatea (g/cm3) >>> Energia ce revine unei particule în eV**

* **Singularitate** >>> 10^{15} >>> 10^{-44} secunde >>> 10^{94} >>> 10^{20} G eV

* Hadronică >>> $10^{15} - 10^{12}$ >>> $10^{-44} - 10^{-4}$ secunde >>> $10^{94} - 10^{14}$ >>> 10^{20} G eV – 100 M eV

* Leptonică >>> $10^{12} - 10^{10}$ >>> $10^{-4} - 10$ secunde >>> $10^{14} - 10^{4}$ >>> 100 M eV – 1MeV

* Radiaţie >>> $10^{10} - 10^{4}$ >>> 10 secunde $- 10^{6}$ ani >>> $10^{4} - 10^{-21}$ >>> 1 M eV – 1 e V

* Stelară >>> $10^{4} - 10$ >>> $10^{6} - 10^{10}$ ani >>> $10^{-21} - 10^{-30}$ >>> 1 e V $- 10^{-3}$ e V

* **Prezentul** >>> $10 - 10^{-4}$ >>> 10^{10} ani >>> 10^{-30} >>> 10^{-3} e V

K – Kelvin, unitatea în sistemul internaţional pentru temperatură; g/cm3 – gram supra centimetru cub (unitatea de măsură pentru densitate); e V – electronvolt – este energia câştigată de un electron care străbate o diferenţă de potenţial acceleratoare de un volt, 1 eV = 1,602 x 10 − 19 J; J − Joule, unitatea de măsură pentru energie.

Hadroni − sunt particule corespunzătoare interacţiunilor tari, de ordinul de mărime al celor din interiorul nucleelor atomice, a căror durată (sau constantă de timp) este de ordinal 10 − 22 secunde; aceştia cuprind barionii (respectiv nucleonii, protonii şi neutronii, precum şi alte particule instabile numite hiperoni) şi mezonii.

Leptonii − corespunzători interacţiunilor slabe (electroni, neutrini, miuoni) a căror constantă de timp este de 10 − 8 − 10 − 10 secunde.

(Tiberiu Toró − "*Fizică modernă şi filozofie*", Editura Facla, Timişoara, 1973).

Se observă că odată cu trecerea timpului, după ce iniţial informaţia primordială s-a transformat în energie şi masă (substanţă), apoi energia şi densitatea Universului scade, dar creşte complexitatea structurilor, reflectată prin creşterea informaţiei totale a Universului.

Mai este de făcut o remarcă şi anume că în Univers există o cantitate finită de substanţă, de energie şi de informaţie (pot fi generate un număr finit de tipuri de structuri). Producţia de informaţie a Universului se poate realiza numai pe seama consumului de energie şi de substanţă (masă) sau altfel spus, generarea de informaţie este strict dependentă de producţia de energie şi de substanţă din Univers şi invers, generarea de energie şi de substanţă se poate face prin transformarea informaţiilor, respectiv a structurilor (figura 5).

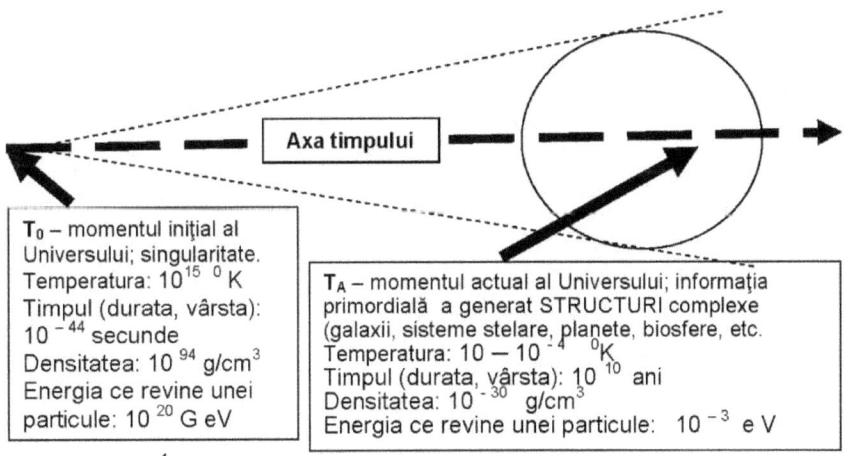

Figura 5 În evoluţia Universului de la starea de singularitate (momentul iniţial) la starea structurată actuală, informaţia primordială stocată în starea de

singularitate s-a transformat în energie și substanță (particule elementare), apoi energia și substanța acestuia s-au transformat prin echivalență în informație de alt gen, concretizată prin multitudinea de structuri (galaxii, sisteme stelare, planete, biosfere, etc.)

=> La formarea structurilor (sau a informațiilor) precum și la destrămarea acestora, se eliberează sau se consumă energie sau substanță după caz. Spre exemplu, formarea sau destrămarea structurilor nucleare (prin reacțiile de fuziune sau prin reacțiile de fisiune), formarea structurilor organice (prin fotosinteză) sau destrămarea structurilor organice (prin ardere).

Există o permanentă transformare a informațiilor (structurilor), a energiilor și a substanțelor. Spre exemplu, informațiile genetice conținute într-o sămânță oarecare, se transformă și ca urmare se formează o structură vegetală (o plantă), în corelație cu energia (radiația solară) și substanța (apa, substanțele minerale, dioxidul de carbon, oxigenul), printr-un proces complex, numit fotosinteză.

4. Referitor la tipurile de procese.

În contextul conservării generalizate, se face precizarea că există următoarele situații particulare (unde simbolul "$\rightarrow 0$" semnifică "tinde asimptotic spre zero"):

a) dacă $\Sigma E_j \rightarrow 0$, $\Sigma I_j \rightarrow 0$, atunci $\Sigma S_j = K_j$, adică legea conservării masei (substanței);

b) dacă $\Sigma S_j \rightarrow 0$, $\Sigma I_j \rightarrow 0$, atunci $\Sigma E_j = K_j$, adică legea conservării energiei;

c) dacă $\Sigma S_j \rightarrow 0$, $\Sigma E_j \rightarrow 0$, atunci $\Sigma I_j = K_j$, adică legea conservării informației.

Rezultă de aici că principalele tipuri de procese sunt: procese substanțiale (masice), energetice, informaționale. Pe de altă parte, există următoarele situații:

1) când $\Sigma I_j \rightarrow 0$ (tinde asimptotic către zero) atunci $\Sigma S_j \square \Sigma E_j = K_j$, acestea sunt procese fizico-chimice (naturale) sau dinamice;

2) când $\Sigma S_j \rightarrow 0$, atunci $\Sigma E_j \square \Sigma I_j = K_j$, acestea sunt procese energo-informaționale;

3) când $\Sigma E_j \rightarrow 0$, atunci $\Sigma S_j \square \Sigma I_j = K_j$, acestea sunt procese substanțial-informaționale;

4) când $\Sigma I_j \rightarrow 0$ și $\Sigma E_j \rightarrow 0$, atunci $\Sigma S_j = K_j$, acestea sunt procese *substanțiale;*

5) *când* $\Sigma\ I_j \rightarrow 0$ *și* $\Sigma\ S_j \rightarrow 0$, *atunci* $\Sigma\ E_j = K_j$, *acestea sunt procese energetice;*

6) *când* $\Sigma\ E_j \rightarrow 0$ *și* $\Sigma\ S_j \rightarrow 0$, *atunci* $\Sigma\ I_j = K_j$, *acestea sunt procese informaționale;*

7) *când* $\Sigma\ S_j\ \square\ \Sigma\ E_j\ \square\ \Sigma\ I_j = K_j$, *acestea sunt procese generale (complexe).*

Ținând cont de schimburile de substanțe, energii și informații ale sistemelor cu mediul, se pot deosebi mai multe tipuri de sisteme:

a) Sisteme care schimbă substanțe, energii, informații cu mediul; acestea sunt *sisteme deschise absolut.*

b) Sisteme care schimbă energii și informații cu mediul dar nu și substanțe; acestea sunt *sisteme închise substanțial;*

c) Sisteme care schimbă substanțe și informații cu mediul dar nu și energii; acestea sunt *sisteme închise energetic.*

d) Sisteme care schimbă substanțe și energii cu mediul dar nu și informații; acestea sunt *sisteme închise informațional.*

e) Sisteme care nu schimbă substanțe și energii cu mediul, dar schimbă informații, acestea sunt *sisteme închise substanțial-energetic dar deschise informațional.*

f) Sisteme care nu schimbă substanțe și informații cu mediul dar schimbă energii; acestea sunt *sisteme închise substanțial-informațional dar deschise energetic.*

g) Sisteme care nu schimbă energii și informații dar schimbă substanțe; acestea sunt *sisteme închise energetic-informațional dar deschise substanțial.*

h) Sisteme care nu schimbă nici substanțe, nici energii și nici informații cu mediul; acestea sunt *sisteme închise absolut.*

Această clasificare sau tipologie este relativă, întrucât există o permanentă transformare a substanțelor, energiilor, informațiilor în sisteme, între sisteme precum și între sisteme și mediu (respectiv regiunea înconjurătoare a sistemelor).

Spre exemplu, în cazul biosferei terestre, ca sistem deschis absolut, interacțiunile cu mediul ale biosferei implică printre altele: sursa energetică (Soarele), suportul planetar (Pământul) – atmosfera, hidrosfera, litosfera, în general geosfera; de asemeni, asupra biosferei terestre se exercită o gamă variată de influențe – metagalactice, galactice, solare, planetare, terestre (telurice) precum și influențe funcţionale sau interne (ecologice).

4. Extinderea conservării generalizate şi a echivalenţei generalizate

> Se poate extinde conservarea generalizată şi echivalenţa generalizată incluzând şi intervalul spaţio-temporal, astfel:

a) *Conservarea generalizată extinsă*: *cantităţile de substanţă, energie, informaţie şi intervalul spaţio-temporal în care există aceste cantităţi se conservă.*

Dacă notăm cu Δj (delta indice "j") – intervalul spaţio-temporal (respectiv Δj - suma intervalelor spaţio-temporale), Qj – constantă, iar simbolul □ este adunarea generalizată, atunci:

$$\sum S_j \oplus \sum E_j \oplus \sum I_j \oplus \sum \Delta_j = Q_j$$

b) *Echivalenţa generalizată extinsă*: *într-un proces o anumită cantitate de substanţă sau / şi energie sau / şi informaţie este echivalentă cu un anumit interval spaţio-temporal.*

Formulele care descriu aceste echivalenţe sunt, se pare, extrem de complicate. Conservarea generalizată extinsă şi echivalenţa generalizată extinsă, sunt utile şi pentru explicarea unor fenomene paranormale (fenomene precum telepatia, clarviziunea, psihokinezia, etc.).

■ Chiar mai mult, există şi o echivalenţă *sistem – câmp* : *oricărui sistem îi corespunde sau poate fi echivalat cu un câmp şi invers, orice câmp poate fi considerat sau echivalat cu un sistem.*

De exemplu câmpul gravitaţional sau electromagnetic poate fi tratat ca un sistem şi pe de altă parte, un sistem mecanic de exemplu poate fi considerat şi ca un câmp mecanic.

4. O sugestie.

Fred Alan Wolf observa următorul lucru:

„*În fizica cuantică, avem de-a face cu lucruri care sar dintr-un loc în altul, aparent fără dă parcurgă spaţiul dintre acestea. O întrebare naturală ar fi de ce apar salturi ? Ce face chestiile astea să sară dintr-un loc în altul ?*

Răspunsul pare să fie că observarea lucrurilor este cea care face să apară salturile: că există un eveniment disproporţionat care are loc şi care nu este controlabil, iar simplul act al observării face lucrurile să sară într-o stare în alta, fără o perioadă intermediară. Astfel că observarea pare să fie o acţiune conştientă, pentru că nu poţi să observi ceva fără să fi conştient de acel lucru (trebuie să ai o idee despre ce anume cauţi, înainte să poţi să observi ceva). Asta pare să implice că, într-un fel, conştiinţa poate să afecteze materia pur şi simplu observând-o."

(Fred Alan Wolf – *„Dr. Quantum şi cărticica marilor idei: unde ştiinţa se contopeşte cu spiritualitatea"*, Editura PRESTIGE, 2010, trad. Cristiana Laura, pag. 112).

Dar, în definitiv, „observarea" înseamnă de fapt, obţinerea unei informaţii; asta înseamnă că se cedează o anumită energie care se transferă obiectului observat, iar acesta, de pildă o particulă, cum ar fi un electron, pierde informaţie, dar câştigă energie şi ca urmare configuraţia acestuia într-un atom în care este integrat, se schimbă; deoarece pierde informaţie şi câştigă energie, comportamentul acestuia se schimbă – pare că face „salturi", de la o poziţie la alta... Saltul cuantic pare să arate tocmai aceasta: transferul de informaţie şi de energie care are loc în orice moment...

5. ASPECTE PRIVIND PRIVIND SPAŢIUL ŞI TIMPUL

Pentru a înţelege mai bine ipotezele legate de conservarea şi echivalenţa generalizată, de HIPERSTRUCTURĂ şi de MARELE UNIVERS, este util să se prezinte câteva aspecte filozofice legate de spaţiu, timp şi Univers.

• Spaţiul

Spaţiul este un atribut fundamental al existenţei şi caracterizează întinderea obiectelor, precum şi relaţia reciprocă de coexistenţă dintre elementele componente ale unui sistem (întinderea evidenţiază aspectele de continuitate ale spaţiului, iar relaţia reciprocă dintre elemente – aspectele de discontinuitate). (C. Mare – "*Introducere în ontologia generală*", Edit. Albatros, Bucureşti, 1980).

Aşadar, spaţiul este înţeles ca având următoarele elemente definitorii: întinderea, ordinea şi coexistenţa fenomenelor şi dimensionalitatea.

De asemeni, există două categorii de spaţii: spaţii reale şi spaţii posibile sau spaţii abstracte. Dintr-o altă perspectivă, spaţiul fizic, mai poate fi clasificat astfel: spaţiul euclidian (monodimensional, bidimensional, tridimensional), spaţiul neeuclidian (continuul quadridimensional Minkowski – care include şi timpul ca fiind a patra dimensiune); spaţiul curb – neeuclidian (deschis – Lobacevski, respectiv închis, Riemann)...

Pe de altă parte, există o legătură strânsă între spaţiu şi substanţă (sau în general, materie) – materia se repartizează în spațiu, iar spațiul conține materia. Problema existenței unui spațiu pur și absolut, devine foarte dificilă pentru că, în definitiv, oamenii își formează ideea de spațiu, observând diverse corpuri, observând diferența dintre pozițiile lor, precum și raporturile cu diverse repere sau sisteme de referință. Așadar, ideea de spațiu este corelată cu ideea de substanță (sau în general cu ideea de materie). Și întrucât ideea de spațiu implică ideea de substanță și invers, așadar spațiul fiind conceput în raport cu substanța, un spațiu pur, absolut este foarte greu de conceput și de imaginat (în afara substanței). În general, chiar dacă un astfel de spațiu ar exista, cunoașterea acestuia ar fi extrem de dificilă. Așadar, cunoaștem spațiul în strânsă legătură cu substanța. În acest sens, după ce s-a acumulat o oarecare experiență, observându-se o anumită repartizare a substanței, un individ, (numit și subiect cunoscător), poate constata că substanța (și în general materia) se repartizează conform cu cele trei dimensiuni: lungimea, lățimea, înălțimea (cota).

Pe de altă parte, se impune întrebarea următoare: ce determină dimensionalizarea spațiului, spațiul însuși sau modul de repartizare a materiei în sine ? Altfel spus, spațiul forțează materia să se repartizeze în trei dimensiuni sau dimpotrivă, materia impune spațiului să aibe trei dimensiuni ? Astfel, spațiul având dimensiunea trei (sau mai multe), ar acționa asupra materiei, ca și o forță, comprimând-o în această dimensiune, așadar ar reprezenta un fel de barieră sau un fel de câmp de forțe, care împiedică materia să se repartizeze în multiple dimensiuni (nu numai în trei). Dacă este așa, se pune inevitabil întrebarea, de ce natură este această forță sau acest câmp de forțe sau această barieră, care împiedică dimensionalizarea multiplă ? Sau, ALTFEL SPUS, care constrânge materia să se configureze în trei dimensiuni ? Pe de altă parte, analizând celălalt aspect, anume, dacă dimensiunea a treia (și oricare alta) este rezultatul proprietăților intime ale materiei însăși, ca atare, se pune întrebarea, care anume sunt aceste proprietăți intime ale materiei și în ce raport stau acestea cu sparțiul ? Ne găsim, într-un fel, la o răspântie de drumuri și trebuie să alegem un drum anume... Așadar, dacă ar exista un spațiu absolut pur, total lipsit de orice fel de substanță (de materie), ar fi extrem de dificil de a fi cunoscut accest spațiu, datorită limitelor impuse de structura gândirii umane. Și evident, se pune și întrebarea inversă – dacă spațiul, în lipsa materiei, nu poate fi cunoscut decât extrem de greu, atunci materia în lipsa spațiului, poate fi cunoscută ? Unii autori spun că nu are sens, ba chiar este o absurditate, ba chiar este o naivitate să vorbești de... spațiu în lipsa materiei și invers, de materie în lipsa spațiului... Este treaba lor... Pentru că să nu uităm că există și conștiința și spiritul care poate exista și în lipsa materiei sau a spațiului și în general poate exista într-o infinitate de moduri... Așadar, conștiința poate concepe și un spațiu în afara materiei și materie în afara spațiului... În altă ordine de idei, se pune problema aceasta: cum ar putea spațiul ca atare să acționeze asupra materiei însăși, forțând-o sau comprimând-o în trei dimensiuni ? S-ar putea presupune că spațiul ar avea unele proprietăți în sine, dar nu se știe de cine sunt determinate aceste proprietăți. Așadar, spațiul poate interveni în dimensionalizare, respectiv în repartizarea materiei ? Pe de altă parte, putem presupune că NU atât spațiul forțează materia să se repartizeze în cele trei dimensiuni ale acestuia (respectiv ale spațiului), ci materia însăși se autodimensionează, se repartizează în acest spațiu. Așadar, în primul caz, se consideră spațiul activ (forțează materia să se repartizeze în trei dimensiuni), în al doilea caz se consideră spațiul pasiv (spațiul nu acționează deloc asupra materiei, asupra repartizării materiei în trei dimensiuni). Și în problema întinderii (care este proprietatea fundamentală a spațiului cu o anumită dimensiune) se pun două probleme importante:

→ care este limita de divizibilitate a spațiului (și respectiv a materiei) ?

→ care este limita de extensiune a spațiului (și respecticv a materiei) ?

În altă ordine de idei, cercetările teoretice și experimentale par să arate că materia din Univers, are o anumită structură, pe de o parte, iar pe de altă parte are o anumită organizare. Ori, structura aceasta, reprezintă de fapt divizibilitatea materiei, iar organizarea reprezintă extensiunea acesteia.

Așadar, este de subliniat încă odată: până la ce limită se poate ajunge cu divizibilitatea materiei (respectiv a spațiului) și până la ce limită se poate ajunge cu extensiunea materiei (respectiv a spațiului) ? Divizibilitatea este infinită ? Extensiunea este infinită ? Putem presupune că nu se poate merge până la infinit, nici cu divizibilitatea și nici cu extensiunea, întrucât infinitul pur este o idealizare. Trebuie așadar să existe o limită, atât în divizibilitate cât și în extensiune. Dincolo de aceste limite, materia (și respectiv spațiul) își schimbă proprietățile, se diversifică. Astfel încât, lumea noastră, Universul nostru, nu reprezintă decât un fragment dintr-un ansamblu extrem de divers, iar ceea ce cunoaştem şi putem cunoaşte, oricât de mult, nu este decât o parte. Se poate conchide că materia are o limită în divizibilitate şi respectiv o limită în extensiunea sa – precum şi o limită a interacţiunilor; dincolo de aceste limite, materia şi spaţiul au alte proprietăţi, mai mult sau mai puţin compatibile cu actualul nostru Univers.

=> *Spaţii transdimensionale*

Legat de spaţiu se mai pot pune următoarele probleme:

> Problema dimensiunilor spaţiului precum şi problema treceri de la o dimensiune la alta (transdimensionalitatea spaţiului).

> Cum se face trecerea de la o dimensiune la alta ? Cum se face trecerea de la dimensiunea 0 (zero) – punctul – la dimensiunea unu – dreapta, apoi la dimensiunea doi – planul, apoi la dimensiunea trei – volumul, apoi la dimensiunea patru – spaţiul relativist, etc. ?... Cum se face aşadar acest salt, de la o dimensiune la alta ? (Acestea sunt de fapt spaţii cu dimensiune naturală…)

> Pe de altă parte, între două numere oarecare, spre exemplu între 1 şi 2, există o infinitate de alte numere, precum se ştie (numerele fracţionare sau transfinite), astfel încât, se poate pune problema spaţiilor cu dimensiune fracţionară sau transfinită – cum ar arăta un spaţiu cu dimensiunea de 1,5 ? Unii spun că nu exită şi nici nu poate exista un astfel de spaţiu sau că nu ar avea sens un astfel de spaţiu… Pe de altă parte, în fond, de ce nu ar exista, din moment ce, pe de altă parte, se admit şi spaţii cu o infinitate de dimensiuni ?

> Putem presupune că Universurile Alternante sunt caracterizate de spaţii cu dimensiune fracţionară sau transfinită (dimensiunea cuprinsă între 3,000...0001 şi 3,9999…).

Universul Real are dimensiunea 4, în vreme ce Universurile Alternante sunt acelea care au dimensiunea ce tinde asimptotic spre 4 – care se numesc, aşadar, spaţii transdimensionale sau spaţii probabilistice).

> Trebuie notat că spaţiile de ordin superior le conţin pe cele de ordin inferior, astfel încât se poate spune că spaţiul cu 5 dimensiuni, conţine spaţiul real cu 4 dimensiuni şi în plus, spaţiile transdimensionale – alternante.

5. Aspecte:

▪ Câte puncte sunt conţinute de o dreaptă ? (aşadar NU câte puncte definesc o dreaptă – ci câte puncte conţine o dreaptă ?)

▪ Cum s-ar putea reprezenta grafic spaţiile cu dimensiuni transfinite ? Spre exemplu, spaţiul cu dimensiunea 0,2 ? Spaţiul cu dimensiunea 1,3 ? Spaţiul cu dimensiunea 2,5 ? Spaţiul cu dimensiunea 3,6 ?... (Exemple în figura 6).

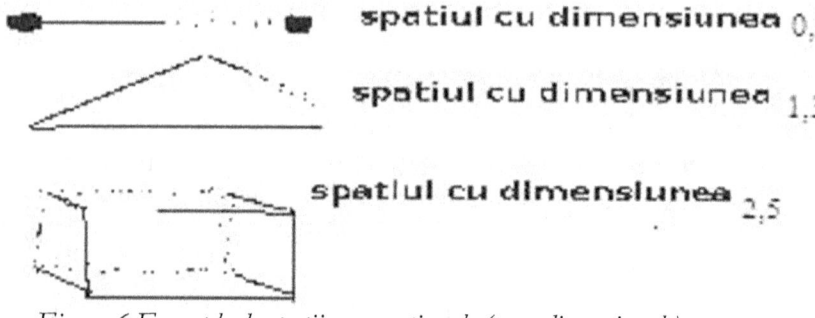

Figura 6 Exemple de spaţii neconveţionale (transdimensionale)

=> *Spaţii cu dimensiune negativă*

Spaţiile cu dimensiune negativă sunt o extensie a dimensiunilor naturale şi a dimensiunilor fracţionare (sau a transdimensiunilor). Pe de altă parte, dimensiunile naturale sunt corelate cu câmpul gravitaţional, iar transdimensiunile sunt corelate cu Universurile Alternante. Spaţiile cu dimensiune negativă sunt caracteristice câmpului antigravitaţional (altfel spus, antigravitaţia nu există în spaţiile cu dimensiune naturală sau pozitivă). Se mai numeşte şi antispaţiu. Reprezentarea grafică a spaţiului cu dimensiune negativă, este foarte dificilă şi... foarte convenţională... Totuşi, prin suprapunerea dintre spaţiile cu dimensiune pozitivă (spaţiile naturale) şi cele cu dimensiune negativă (antispaţiu), se pot reduce dimensiunile... Spre exemplu...

(dim +1 = dreapta) suprapunere (dim – 1 = antidreapta) = (dim 0 = punct) (figura 7).

anti dreapta   punctul   dreapta

'dim -1   dim 0   dim +1

Figura 7 Dreapta şi antidreapta (exemplu convenţional de spaţiu cu dimensiune pozitivă și respectiv cu dimensiune negativă)

=> *Spații cu dimensiune complexă*

O altă extensie a spațiilor naturale, sunt spațiile cu dimensiune complexă. Dimensiunea acestora se formează, ca și în cazul numerelor complexe, dintr-o parte reală (sau naturală, după caz) și o parte imaginară (figura 8).

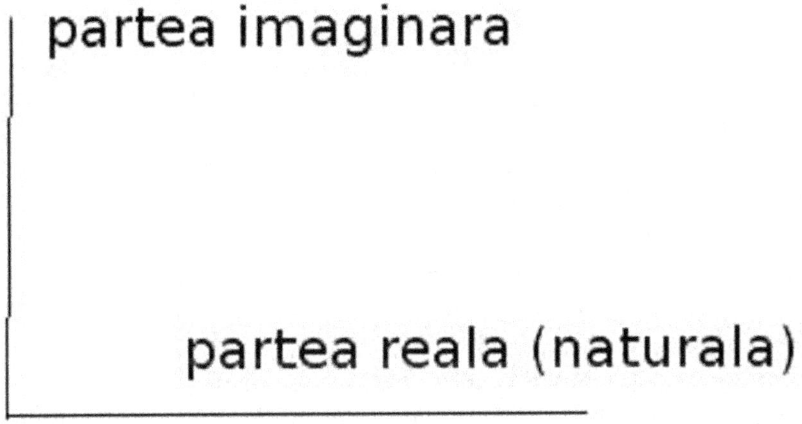

partea imaginara

partea reala (naturala)

Figura 8 Analogie între dimensiunea spațului și numerele complexe (o dimensiune a spațiului este compusă dintr-o parte reală și o parte imaginară)

Spațiile cu dimensiune complexă sunt corelate în general cu Universurile Paralele și respectiv cu Universurile în care au loc mișcări ultrarapide – respectiv tahionii (care au viteze mai mari decât viteza luminii în vid) și respectiv infra-tardionii (care au viteze extrem de lente – spre exemplu într-un milion de ani se deplasează să zicem... un milimetru !).

Particulele elementare care sunt asociate cu astfel de spații (și implicit cu astfel de Universuri), sunt în principal: tahionii și ultra-tahionii (care au viteze de peste 300000 km/s); luxonii (fotonii și alte particule – care alcătuiesc un Univers în sine, cu viteze de 300000 km/s) și tardionii și infra-tardionii (au viteze lente și foarte lente de sub 300000 km/s, și chiar extrem de lente de... 0,0000000...00001 km/s).

În legătură cu acest aspect se poate imagina că există un nivel subcuantic şi că între acest nivel şi tahioni (particule cu viteze mai mari decât viteza luminii în vid) există o legătură fundamentală. Atât nivelul subcuantic cât şi tahionii sunt incluse în Universul cu dimensiune complexă. Relaţia de echivalenţă dintre masa μ şi energia corespunzătoare W la nivelul subcuantic ar trebui să fie sub forma μ C 2 = W.

Întrucât masa μ este extrem de mică, energia W este extrem de mare. Dacă saltul de viteză ar fi ca şi cel comparabil de la v (aproximativ 300 m/s pentru aer) la c (viteza luminii în vid), atunci viteza tahionilor C ar trebui să fie de ordinul 3 x 10 14 m/s (adică 300 miliarde de km/s).

(Bărbulescu N, - *"Bazele fizice ale relativităţii einsteiniene"*, Editura ştiinţifică şi enciclopedică, Bucureşti, 1979).

Analizând dependenţa energiei şi a impulsului tahionilor de viteză se constată că atunci când viteza tahionilor creşte, îşi pierd din energie; invers, cu micşorarea vitezei, energia lor creşte. După apariţia tahionilor, pierderea lor de energie are loc foarte rapid în timp ce viteza lor creşte. Tahionii cu sarcină electrică pot radia într-un timp foarte scurt, întreaga lor energie ajungând în acest mod să fie acceleraţi la o viteză maximă foarte mare (pe care am presupus-o ca fiind C); tahionii cu această viteză nu transportă energie. Se poate accepta faptul că tahionii aparţin nivelului subcuantic, un nivel în care spaţiul are o dimensiune compexă (constituită dintr-o parte reală şi o parte imaginară).

"Trebuie să admitem că există câte o viteză limită pentru fiecare nivel al realităţii fizice. Viteza c a luminii este limita vitezelor numai pentru fenomenele de la nivelul microscopic; la alte niveluri intervin alte viteze limită." (Bărbulescu N, - *"Bazele fizice ale relativităţii einsteiniene"*, Editura ştiinţifică şi enciclopedică, Bucureşti, 1979).

În legătură cu aceste aspecte, se mai poate adăuga faptul că există o anumită clasificare neoficială a particulelor elementare, în funcţie de viteză (mai mică, egală sau mai mare decât viteza luminii în vid - particule meta-relativiste, tabelul 6) (Tiberiu Toró – *"Fizică modernă şi filozofie"*, Editura Facla, Timişoara, 1973).

Tabelul 6 Particule în meta-relativitate

* Categoria >>> Denumirea >>> Viteza >>> Masa proprie m$_0$ >>> Masa relativistă >>> Energie

$$m = \frac{m_0}{\sqrt{1 - \frac{v^2}{c^2}}}$$

* I >>> Tardioni >>> v < c >>> m0 reală >>> $\sqrt{1 - \frac{v^2}{c^2}}$ >>>
E = m c²
   * II >>> Luxoni >>> v = c >>> m0 = 0 >>> m = E/c² >>>
E = m c²
   * III >>> Tahioni >>> v > c >>> m0 = im * imaginară i = √ (-
1) >>> m = m*/√((v²/c²) - 1) >>> E = m c²

Denumirea de tahioni a fost dată de către G. Feinberg, în 1967, de la grecescul tahios care înseamnă rapid, iute (sunt particule de categoria a III-a, şi au masă proprie imaginară, m0 = im * , $i = \sqrt{-1}$).

Spre deosebire de tahioni, pentru particule care se mişcă cu viteze subluminoase, profesorul Sudarshan a propus denumirea de *tardioni* (particule de categoria întâi, au masă proprie reală), iar pentru particule care au exact viteza luminii (fotoni, neutrini) numele de *luxoni* (particule de categoria a II-a, au masă proprie egală cu zero).

În afară de masa proprie imaginară (este o mărime inobservabilă în laboratoarele terestre şi la energiile disponibile în acceleratoarele de particule actuale), tahionii mai au şi alte proprietăţi, deosebite, printre care cele legate de succesiunea în timp a unui proces cu tahioni (în sensul că acest proces s-ar putea inversa – de exemplu, în locul succesiunii cauzale normale, mai întâi emisie şi apoi absorbţie – se poate întâmpla ca prima dată tahionul să fie absorbit şi după aceea emis)…

Nota

Nu este lipsit de interes, să consemnez un citat dintr-o carte remarcabilă, apărută în anul 1924 şi anume cartea lui G. Demetrescu, *„Distanţele cereşti şi structura universului”*, Cultura Naţională, ediţie îngrijită de Octav Onicescu):

„ Spaţiul Ştiinţei. Este util să lămurim aci o neînţelegere care, după părerea noastră, există şi a fost cauza multor discuţiuni.

I. Prin cuvântul spaţiu unii înţeleg ceea ce face obiectul discuţiunilor filozofice, ceea ce corespunde, în intelectul nostru, la facultatea de a percepe sensaţii spaţiale.

Acest spaţiu I rezultă:

a) din structura noastră organică, în ceea ce priveşte numărul dimensiunilor mai cu seamă;

b) din educaţia ce am făcut, în lumea noastră, simţurilor noastre.

... Experienţa de toate zilele a educat, aşadar, simţurile noastre în sensul euclidian şi a săpat în mintea noastră caracterele euclidiene ale spaţiului.

Pentru aceste motive acest spaţiu I nu poate fi decât cu 3 dimensiuni şi euclidian.

II. Prin acelaşi cuvânt spaţiu, alţii înţeleg cu totul altceva – ansamblul parametrilor cari, prin legăturile dintre ei, definesc caracterele geometriei celei mai comode (Poincare) pentru studiul materiei." (Pag. 177, 178)

„Spaţiul I este spaţiul simţului comun, el este şi al omului de rând şi al savantului. Spaţiul II este exclusiv al matematicianului şi se întemeiază numai pe puterea formulelor matematice.

Spaţiul I este spaţiul mentalităţii ce ni-a făurit viaţa de toate zilele, spaţiul în care am ănceput a turna materia. Dimpotrivă, orice formă a spaţiului II este un spaţiu modelat, turnat după proprietăţile materiei. Însăşi mecanica newtoniană s-a văzut silită să a diferenţia proprietăţile spaţiale ale materiei de forma tipică I."

(Pag. 178, 179)

• Timpul

Conceptul de timp se defineşte ca fiind un atribut fundamental al existenţei, având următoarele caracteristici: durata (evidenţiază aspectele de continuitate) şi succesiunea (aspectele de discontinuitate), iar legat de succesiune, o caracteristică importantă a timpului este ireversibilitatea evenimentelor.

(C. Mare – *"Introducere în ontologia generală"*, Edit. Albatros, Bucureşti, 1980).

Timpul, ca şi spaţiul, apare în conştiinţă după o anumită experienţă, prin acumularea informaţiilor. Pe de altă parte, spaţiul este perceptibil prin intermediul substanţei, prin raportarea obiectelor, timpul, nu este perceptibil ca şi spaţiul, percepţia acestuia, este ceva mai complicată decât în cazul spaţiului.

Noi remarcăm timpul, spre deosebire de spaţiu, datorită memoriei. Nu există o conştientizare a timpului în afara memoriei. Să presupunem că un individ, nu are memorie; va mai percepe el timpul sau nu ? Şi dacă nu îl va mai percepe, care va fi atunci realitatea pe care o va conştientiza ?... Probabil că va observa o lume în permanentă mişcare sau schimbare, ceva fără început şi fără sfârşit... Probabil...

Dacă proprietatea fundamentală a spaţiului este întinderea,

proprietatea fundamentală a timpului sau proprietatea specifică este durata. De notat de asemenea că timpul presupune o anumită ordine în desfăşurarea evenimentelor. Timpul nu poate fi conceput în afara acestei ordini de desfăşurare a evenimentelor. Ca şi în cazul spaţiului, ne putem întreba dacă există un timp pur, sau acesta apare numai şi numai pentru că există substanţă, energie, informaţie (materie) ? Dacă ar exista un timp pur, atunci, ca şi în cazul spaţiului, acesta nu ar putea fi cunoscut decât extrem de greu, implicând, probabil, abstracţii deosebite. Ceea ce timpul ne relevă, în scurgerea sa, este faptul că acesta prezintă o aşa numită divizare: trecut, prezent, viitor... Clasic, se constată că toate evenimentele, toate faptele, toate lucrurile, provin din viitor, trec prin prezent şi se îndreaptă spre trecut. Problema care se pune şi aici, este asemănătoare celei puse în cazul spaţiului: oare timpul ca atare, obligă sau forţează materia să se "deplaseze" de la viitor spre trecut (trecând prin prezent) sau aceasta este modalitatea de distribuţie a materiei însăşi, ce ţine aşadar de proprietăţile intime ale ei ? Dacă timpul ca atare ar forţa materia să se distribuie de la viitor către trecut, atunci timpul însuşi ar reprezenta ceva, un fel de câmp de forţe. Sunt două aspecte, (ca şi în cazul spaţiului) – fie timpul forţează repartizarea materiei, aşadar timpul ca atare are un caracter activ, fie, dimpotrivă, materia se autorepartizează, inducând timpul ca un fel de efect secundar al repartizării în cele trei domenii: trecut, prezent, viitor... (are un caracter pasiv). În general, se poate face afirmaţia că, în cazul timpului, dar şi în cazul spaţiului, caracterul activ ca şi cel pasiv sunt echivalente, adică se poate ca spaţiul şi timpul să aibe atât un caracter activ cât şi unul pasiv. Pe de altă parte, timpul rezultă în urma distribuţiei materiei în spaţiu (dacă materia nu ar exista, nici timpul nu ar exista). În altă ordine de idei, se pune problema originii. Fie că spaţiul şi timpul sunt induse sau cauzate de materie sau dimpotrivă generează materia...

Originea materiei (sau a conştiinţei) este în definitiv o proprietate a materiei (sau a conştiinţei) din acest Univers. Ori dacă materia (sau conştiinţa) se diversifică, atunci, problema originii, a începutului, se reduce de fapt la o regresie (originea materiei sau a conştiintei este o anumită entitate, originea acelei entităţi este o altă entitate, etc., sau originea Universului nostru este un alt Univers, originea altui Univers este un Hiperunivers, etc.).

Pe de alta parte, ca şi în cazul spaţiului şi în cazul timpului, se pune problema divizibilităţii sale şi a extensibilităţii sale, mai exact a duratei.

S-ar părea că există o limită a divizării şi a extensiei duratei, dincolo de care, durata fie nu mai există, fie apar alte proprietăţi ale timpului. Aşadar, fie considerăm timpul că are un caracter activ, adică impune (ca un fel de câmp de forţe) ca materia (şi conştiinţa) să se repartizeze în cele trei domenii (viitor, prezent, trecut), fie un caracter pasiv, adică apare numai ca urmare a distribuţiei şi a dinamicii materiei în spaţiu; de asemenea, divizibilitatea duratei are un caracter limitat; la fel şi extensibilitatea duratei are un caracter limitat (oricare ar fi această limită).

Putem presupune că sunt anumite cauze care schimbă parţial sau global proprietăţile materiei şi ale conştiinţei. Dincolo de aceste cauze, se poate considera că materia şi conştiinţa au alte proprietăţi...

NOTE

Se mai pot adăuga, în completare, următoarele aspecte legate de timp şi spaţiu...

1. "În fizică, noţiunii de timp îi corespund două mărimi, *timpul brut* şi *timpul măsurat*, iar nu o singură mărime, cum se consideră de obicei. Timpul brut al unui fenomen poate fi nu numai real ci şi aparent. Este real, pentru un observator în repaus faţă de locul unde se produce fenomenul respectiv, şi este aparent, pentru un observator în mişcare faţă de fenomen. Următoarea schemă cuprinde aceste categorii de timp:

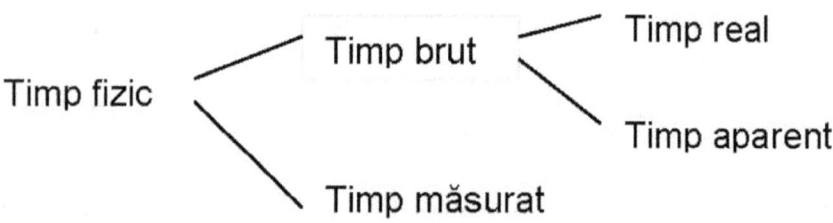

Timpul brut al unui fenomen este determinat de viteza cu care se desfăşoară fenomenul. De foarte multe ori, un acelaşi fenomen fizic poate fi făcut să se desfăşoare mai repede sau mai încet. Cu cât se desfăşoară mai încet, cu atât timpul brut respectiv este mai mare."

Bărbulescu N, - *"Bazele fizice ale relativităţii einsteiniene"*, Editura ştiinţifică şi enciclopedică, Bucureşti, 1979, pag.125, 126).

2. Spațializarea timpului. Se consideră timpul ca fiind o dimensiune a spațiului (în teoria relativității) – aceasta înseamnă așadar spațializarea timpului... Timpul, drept urmare, intră în metrica spațiului (spațiul cu metrica Minkovschi); pe de altă parte, timpul, poate avea axe de coordonate, ca și spațiul (figura 9).

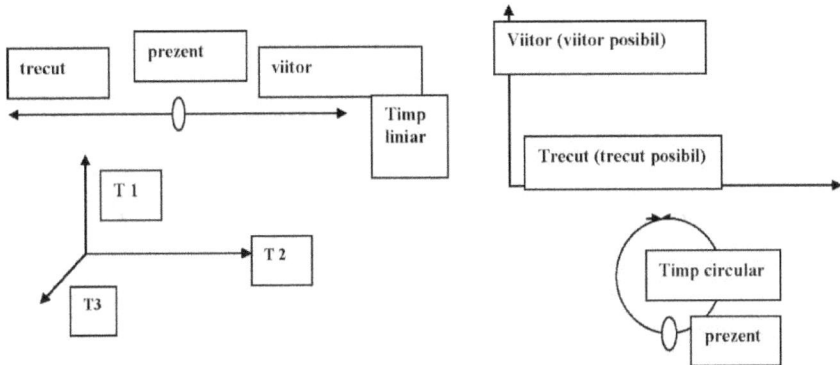

T1, T2, T3 – dimensiuni temporale (rețele temporale) – trecuturi și viitoruri posibile

Figura 9 Exemple de spațializare a timpului

3. Ca și în cazul spațiului, se poate pune problema dimensiunilor timpului ? Astfel, se poate considera că timpul, ca și spațiul, are trei dimensiuni, respectiv se poate considera că prezentul, trecutul și viitorul sunt cele trei dimensuni ale timpului după cum lungimea, lățimea și înălțimea sunt cele trei dimensiuni spațiale.

Judecând prin analogie putem de asemenea considera că punctul din spațiu, considerat că are dimensunea zero, are corespondent temporal, neantul sau vidul sau haosul; dreapta care în spațiu are dimensiunea unu, corespunde în timp unui prezent etern, planul care în spațiu este considerat că are dimensiunea doi, în timp, corespunde unui gen de cuplaj prezent-trecut sau prezent-viitor... Ca și în cazul spațiului, ne putem imagina un timp cu patru, cinci sau mai multe dimensiuni; se sugerează ideea de hipertimp...

4. Temporalizarea spațiului, reprezintă de fapt, variabilitatea dimensiunilor spațiului... Dar dacă cele trei dimensiuni ale spațiului nu sunt eterne, definite odată pentru totdeauna ? Dacă sunt variabile și în acest caz, se poate ca odată, cândva, spațiul cu trei dimensiuni să se schimbe ?... Se impune ideea de spațiu cu dimensiune variabilă precum și <u>ideea de metatimp</u> (este un timp de ordin superior în care are loc variația dimensiunilor spațiului)... Sunt câteva întrebări la care se va răspunde cândva, poate...

5. Un aspect interesant este lumea plană. Se consideră o lume cu două dimensiuni, conținută într-un plan P (figura 10).

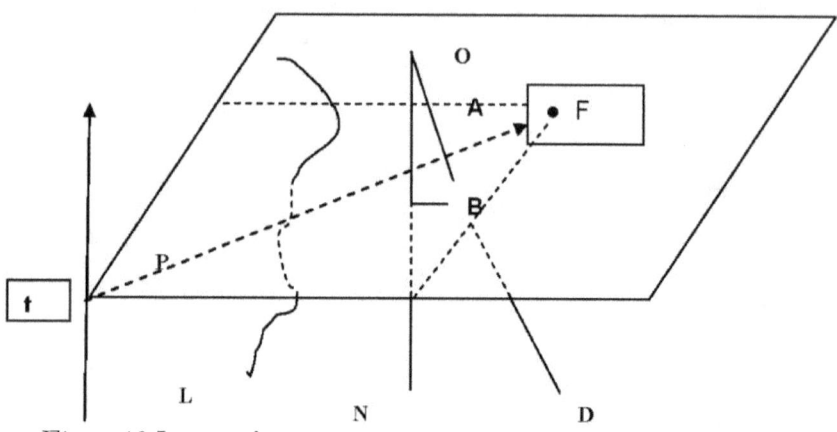

Figura 10 Lumea plană

Toate ființele și toate corpurile din această lume sunt turtite, foarte subțiri, nu se întind, nu se pot mișca, nu pot vedea decât în două dimensiuni: lungimea și lățimea planului. Nu pot ieși din plan, nu își pot îndrepta privirile decât în plan, nu pot percepe și nu își pot reprezenta dimensiunea a treia a spațiului nostru, întocmai cum noi nu putem percepe și nu ne putem reprezenta în spațiu o a patra dimensiune, constituția noastră fiziologică intrezicându-ne aceasta. Totuși, deși aceste ființe plane nu percep spațiul cu trei dimensiuni, vor ajunge, dezvoltând știința lor, să-l conceapă; mai precis, vor ajunge să considere ca fiind posibilă existența altor ființe, fiziologic superioare lor, care să perceapă trei dimensuni în spațiu. Ființele plane vor numi acel spațiu ”universul” lor. La orice moment, lumea fenomenală a ființelor plane este secțiunea făcută în universul lor prin planul P, adică prin spațiul lor. Această secțiune variază de la un moment la altul ca și lumea lor, pe când universul lor rămâne etern, invariabil și el ne dă nouă, ființe cu trei dimensiuni, o privire integrală și instantanee asupra lumii P cu întreaga ei evoluție, trecută, prezentă și viitoare, cu toate detaliile ei. În lumea plană P, orice fenomen F este determinat prin două coordonate spațiale (A și B, figura 10) care fixează locul din plan unde se petrece fenomenul şi printr-un parametru temporal t care fixează, în desfăşurarea timpului, momentul la care se produce acel eveniment. În universul fiinţelor plane evenimentul este un punct fix şi etern, determinat prin trei coordonate; când planul P trece prin acel punct, în lumea fenomenală P se produce evenimentul considerat. Liniile L, D, N vor fi numite linii de univers (înţelegând desigur universul fiinţelor plane). Fiinţele plane vor reprezenta întreg ritmul lumii lor în funcţie de parametrul temporal t căruia îi vor atribui, prin convenţie, proprietatea de a creşte uniform şi necontenit în acelaşi sens. Timpul fiinţelor plane este o a treia dimensiune a universului lor, dimensiune pe care ele nu o pot percepe. Caracterul uniformităţii timpului acestor fiinţe este o simplă ficţiune, care s-ar putea să nu corespundă la o uniformitate reală.

(Demetrescu G., Pârvulescu C., - *"Galaxii în univers"*, Editura Ştiinţifică, Bucureşti, 1967)

6. Este de menţionat şi două tipuri speciale de figuri geometrice şi anume: *banda lui Möbius* şi *butelia lui Klein*. O suprafaţă obişnuită are două feţe. Cele două feţe ale acesteia pot fi vopsite cu culori diferite, pentru a le deosebi una de alta; dacă suprafaţa este închisă, cele două culori nu se întâlnesc niciodată. Dacă suprafaţa este mărginită de curbe, cele două culori se întâlnesc doar în lungul lor. Möbius a făcut descoperirea surprinzătoare că există suprafeţe cu o singură faţă (suprafaţă unilaterală) ! Cea mai simplă suprafaţă de acest fel este numită banda lui Möbius, formată, spre exemplu, dintr-o fâşie dreptungiulară de hârtie, răsucită şi lipită la capete. O insectă care s-ar mişca în lungul acestei suprafeţe rămânând mereu în mijlocul benzii, ar reveni în poziţia iniţială pe partea cealaltă. Banda lui Möbius are o singură margine, deoarece frontiera ei constă dintr-o singură curbă închisă. Dacă această bandă este tăiată în lungul curbei centrale, se obţin două benzi diferite, de acelaşi fel. O altă suprafaţă unilaterală este sticla sau butelia lui Klein. Această suprafaţă este închisă, însă nu are nici interior, nici exterior (figura 11).

(Courant R., Robbins H., *"Ce este matematica ? Expunere elementară a ideilor şi metodelor"*, Editura Ştiinţifică, Bucureşti, 1969)

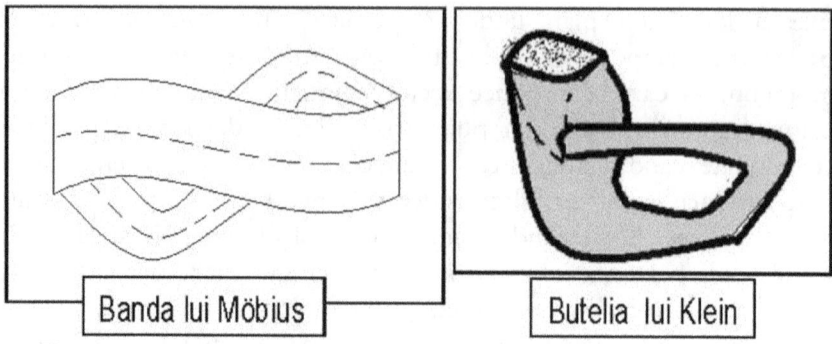

Figura 11 Banda lui Möbius și butelia (sticla) lui Klein

Acestea sunt exemple de figuri geometrice care arată în ultimă instanță că există așa numite varietăți calitative de spațiu, că nu se poate vorbi numai de un anumit tip de spațiu...

"Așadar constatăm că pe o suprafață răsucită (banda lui Möbius) un obiect de mâna dreaptă poate deveni un obiect de mâna stângă și invers pur și simplu prin deplasarea lui de-a lungul îndoiturii."

"Noi nu putem privi spațiul în care trăim din exterior... de altfel întotdeauna este greu să vedem limpede lucrurile în mijlocul cărora ne aflăm. Dar nu este de loc imposibil ca spațiul astronomic să fie închis în el însuși și, pe lângă acestea, să fie răsucit după sistemul lui Möbius. Dacă acest lucru este adevărat, oamenii care călătoresc în jurul universului se vor întoarce de mâna stângă, cu inimile în partea dreaptă a toracelui lor..."

(Gamow G. - *"Unu, doi, trei... infinit"*, colecția Lyceum, Editura Tineretului, 1967).

7. În sfârșit mai trebuie remarcat și faptul că procesele informaționale și energetice care au loc în nanospațiu (dimensiune de ordinul 10-9 m) și respectiv în nanotimp (durata de ordinul 10-9 s) sunt fundamental diferite față de procesele informaționale și energetice care au loc în gigaspațiu (dimensiune de ordinul 109 m) și respectiv în gigatimp (durata de ordinul 109 ani). De altfel și percepția nanospațiului, nanotimpului, gigaspațiului și gigatimpului este foarte dificilă...

• **Infinitul, nemărginitul, nelimitatul**

În legătură cu extensibilitatea sau divizibilitatea spațiului sau a timpului, (respectiv cu dimensionalitatea și durata), se poate analiza în ce măsură aceste aspecte pot fi corelate cu infinitul, nelimitatul şi nemărginitul.

Trebuie spus că raportarea joacă un rol esenţial în cadrul cunoaşterii, fiind principalul "furnizor de cunoştinţe". Fără a raporta ceva la altceva, nu se poate obţine realmente vreo cunoştinţă despre realitate. Tot prin raportatre, ne apare ideea şi viziunea finitului. Un lucru oarecare, pe care îl percepem pe cale senzorială, este finit, fiind cuprins între anumite limite, având anumite margini. Este de subliniat deosebirea dintre mărginit şi limitat, care nu înseamnă acelaşi lucru. În timp ce o entitate este mărginită în sine (aşadar are propria sa finitudine, aceasta provenind din interior), o altă entitate este limitată, dar nu în sine (ca şi în cazul mărginitului), ci prin altceva, prin raportare la alte entităţi. Spre exemplu: când spui "acest râu este limitat în lăţime, de diguri" , digurile sunt limitele râului, râul fiind limitat, obligat de diguri să se scurgă AŞA şi nu alfel; pe de altă parte, "această mare este mărginită de ţărmuri", marea nu poate fi mai întinsă decât este, pentru că este limitată de conţinutul său de apă; dacă ar fi fost mai multă apă, marea ar fi fost mai întinsă, altfel spus marginile mării ar fost altele. Râul, deşi putea fi mai mare adică ar fi putut avea o lăţime mai mare, pentru că are apă suficientă pentru a se mări, nu poate să fie totuşi mai mare, datorită limitelor impuse din exterior, de regiunea pe unde curge râul, de diguri; marea, pe de altă parte, nu poate să fie mai întinsă întrucât nu are apă suficientă pentru aceasta, aşadar, nu poate datorită propriilor sale mărginiri, marea este deci mărginită de sine însăşi. Finitul, pe de altă parte, este o determinare oarecare. Orice lucru determinat, trebuie să fie, într-un fel sau altul, finit, să aibă cel puţin o proprietate. Dar asta nu înseamnă însă că tot ceea ce este finit este şi determinat. Important de obsevat este că, de obicei, ceea ce este determinat, este finit. Problematica diviziunii şi extensiunii finitului se impune. Dacă finitul va avea o extensiune nelimitată, (aşadar nu va avea limite), acesta se va transforma în infinit, adică în nedeterminare. Dacă finitul va avea o diviziune nelimitată, (aşadar diviziunea nu va avea limite), aceasta va deveni transfinit – adică tot o nedeterminare.

Analizând aceste raporturi, se poate ajunge la următoarele situaţii... Sunt patru grupe ale acestor raporturi, de fiecare dată, rezultând derivaţii corespunzătoare.

I. Finit extensiv nelimitat $\rightarrow$ infinit . Finit divizibil nelimitat $\rightarrow$ transfinit.

II. Finit extensiv limitat → miriada, entitate, enormitate.

Finit divizibil limitat → cuanta

III. Finit extensiv nemărginit → ? Finit divizibil nemărginit → ?

IV. Finit extensiv mărginit → ? Finit divizibil mărginit → ?

("→" înseamnă "implică" sau "rezultă" ; "→ ?" înseamnă "implică ceva nelămurit, un mister").

NOTĂ

Este de la sine înțeles că nemărginitul și respectiv nelimitatul, reies din negațiile efectuate asupra mărginitului și limitatului. Astfel dacă mărginitul este o entitate care are propria sa finitudine, limitatul reprezintă o entitate, care nu are propria sa finitudine, aceasta provenind din afara sa. Prin urmare, prin negație, se observă că, nemărginitul reprezintă o entitate care nu are o finitudine provenind de la sine, această finitudine fiind desființată. Iar nelimitatul reprezintă o entitate ce nu are finitudinea din afară.

Deosebirea constă în aceea că nelimitatul, deși nu are finitudine din afară, poate avea finitudine de la sine, transformându-se în mărginit, iar nemărginitul, deși nu are o finitudine din sine, poate avea din afară, transformându-se în limitat. Așadar, sunt următoarele posibilități:

– Finit extensiv nelimitat dar mărginit → ? Finit extensiv nemărginit dar limitat → ?

Finit divizibil nelimitat dar mărginit → ? Finit divizibil nemărginit dar limitat → ? Finit extensiv nelimitat și mărginit → ? Finit divizibil nelimitat și nemărginit → ?

Toate aceste posibilități reprezintă de fapt mistere... Nu se poate ști în acest moment ce semnificație pot avea...

• Diversitatea spațiului și timpului

Există anumite tipuri de spațiu și timp, care, sintetic pot fi prezentate astfel (conform cu unii autori – citat din cartea "*Filozofie, tematică, bibliografie, crestomație*", autori: Diaconu. M, Smirnov. I, Tudosescu, I., Editura Didactică și Pedagogică, 1976, pagina 106) :

- spațiul și timpul fizic: duratele și lungimile; ritmurile și extensiunea obiectelor, fenomenelor și proceselor lumii fizice;

- spațiul și timpul biologic: duratele și configurația structuralmorfologică, ritmurile fenomenelor şi duratelor din lumea vie; distribuţia şi răspândirea sistemelor biologice;

- spaţiul şi timpul social: ritmurile şi amploarea progresului social; ritmurile, gradul de cuprindere şi de intensitate a relaţiilor şi acţiunilor umane; amploarea şi profunzimea evenimentelor şi proceselor sociale;

- spaţiul şi timpul psihologic: ritmurile şi intensitatea trăirilor psihice, individuale şi colective; profunzimea şi amploarea manifestărilor afective, emoţionale şi intelectuale ale oamenilor; cantitatea şi calitatea valorilor create de ei pe unităţi de timp şi gradul de eficienţă umană şi socială a acestora; ritmul de formare şi câmpul de manifestare ale personalităţii umane.

Între aceste categorii de spaţiu şi timp, există anumite realaţii de succesiune, de determinare şi de reflectare)... (spre exemplu există succesiunea: spaţiul şi timpul fizic□spaţiul şi timpul biologic □ spaţiul şi timpul social şi psihologic; apoi, spaţiul şi timpul fizic determină spaţiul şi timpul biologic care determină mai departe spaţiul şi timpul social şi psihologic)

• Mişcare (schimbare, instabilitate, devenire) şi repaus

Mişcarea sau schimbarea sau instabilitatea sau devenirea, este percepută numai sub formă de raporturi. Chiar şi ideea de inerţie (proprietatea corpurilor de a-şi menţine starea de repaus sau de mişcare atâta timp cât asupra lor nu acţionează o forţă exterioară), este rezultată ca urmare a existenţei unui raport... Să presupunem că un individ este introdus, într-o cameră obscură, într-o încăpere mare, ermetică, fără surse luminoase, la temperatură constantă. Să mai presupunem că acest individ este surd din naştere şi nu va putea să mirosă, nu va putea să perceapă variaţiile de presiune atmosferică, etc. Poate el, în aceste condiţii să perceapă mişcarea ? Întrucât totul este liniar, static, va persista numai ideea de mişcare pe care individul o ştia din timpul vieţii sale. Dar în cazul acesta, individul nu va percepe mişcarea sau schimbarea sau devenirea, pentru el, totul este... un repaus nesfârşit, întrucât totul este plat, invariabil, toate momentele temporale sunt identice unele cu altele... Aşadar, mişcarea (devenirea, schimbarea) este în ultimă instanţă rezultatul unei raportări. Ceva este raportat la altceva. În lipsa acestei raportări, ideea de mişcare nu se formează, rămâne numai ideea de repaus... Dacă dispare ideea de raportare, dispare şi ideea de mişcare. Pe de altă parte, când se consideră un reper şi un corp delimitat, mişcarea în sine se reduce la noţiunea de viteză şi derivata acesteia, acceleraţia.

În Universul nostru, viteza are un rol preponderent. Trebuie să avem în vedere de asemenea şi noţiunile următoare: poziţie, reper, observator, sistem de măsură. În spaţiu, un corp oarecare, ocupă o anumită poziţie, faţă de un reper şi faţă de un observator oarecare. Schimbarea poziţiei corpului implică diferenţierea succesiunii momentelor, altfel spus, momentele temporale care se succed, nu sunt identice unele cu altele, altfel spus, are loc mişcarea corpului faţă de reper, cu o anumită viteză.

Mai este de evidenţiat şi faptul că această schimbare a poziţiei corpului faţă de reper sau faţă de un observator oarecare, înseamnă în acelaşi timp şi o generare de informaţie pentru observatorul respectiv. Tot o generare de informaţie o reprezintă şi gravitaţia. Gravitaţia generează un anumit tip de ordine, generează un anumit tip de structură (respectiv structura cosmică)...

De altfel, există o reciprocitate: gravitaţia generează informaţie şi invers, informaţia generează gravitaţie... Pe de altă parte, există o limită maximă şi o limită minimă de mişcare a corpurilor faţă de un anumit reper. În general vorbind avem de a face cu schimbări majore sau radicale, maxime, respectiv cu cele minore, insesizabile... Dincolo de aceste limite, mişcarea (repectiv schimbarea, devenirea), îşi schimbă sensul, îşi schimbă proprietăţile, apărând alte aspecte...

Notă

Este de amintit aici, un fel de axiomă denumită „axioma imposibilităţii mişcării perpetue" sau „imposbilitatea construirii unui perpetuum mobile", adică a unei maşini care să funcţioneze, neconsumând nimic"... Această axiomă sau, după unii autori, acest principiu a fost discutat mult de către mulţi savanţi... Dar, în definitiv, ce înseamnă... neconsumând nimic ?... Nimicul ce este ? Dacă ne referim, spre exemplu la vidul cuantic, care a fost multă vreme socotot ca fiind... nimic, atunci, un perepetuum mobile ar putea consuma... energie extrasă din... vidul cosmic... Sau ar putea funcţiona consumând... informaţie, care, după unii, ar putea fi considerată ca fiind, nimic... Astfel încât, dacă ar fi aşa Universul însuşi ar fi un perpetuum mobile – un fel de maşină care funcţionează consumând energie extrasă din vidul cuantic, precum şi informaţie, rezultată din procesele interne ale acestuia...

• *Materia (diversitatea)*

Materia ne apare imediat şi necodiţionat în cadrul conştiinţei... Când începem să cunoaştem materia, primul concept pe care îl elaborăm legat de materie este mărimea. Mărimea este o entitate finită (ca extensiune şi intensiune). Mărimile sunt aşadar, limitate. Un alt aspect fundamental al materiei îl constituie modul de organizare (înseamnă, acele raporturi pe care anumite entităţi le au reciproc în cadrul reprezentării şi manifestarii lor; de asemenea prin mod de organizare, se mai înţelege, acea specificitate a structurii materiei, care îi permite să existe într-un anume fel şi nu în altul). Dar şi modul de organizare are limite. De notat însă următorul aspect: ca subiect cunoscător, ca om conştient, sunt conştient de propriile mele limite impuse de însăşi condiţia mea, de structura mea genetică şi psihosomatică, de realităţile social-istorice în care mă găsesc. Sunt conştient de asemenea de erorile pe care le comit, dar sunt conştient că şi erorile fac parte din adevăr.

De notat de asemenea că modul de organizare (diversitatea) şi materia sunt în strânsă legătură cu mişcarea (schimbarea, devenirea). Materia şi respectiv modul de organizare (altfel spus diversitatea) este condiţionată şi condiţionează mişcarea materiei (schimbarea, devenirea). Stadiul "zero" al modului de organizare îl reprezintă haosul, iar stadiul "zero" al materiei ca atare îl reprezintă vidul (nimicul, neantul); astfel încât, se poate spune că de la vid şi de la haos începe totul, haosul şi vidul sunt reperele absolute ale existenţei...

• <u>Universul</u>

Ideea de Univers, a apărut ca urmare a necesităţii de a limita realitatea, mediul înconjurător. Aşadar, premisa de la care se porneşte este aceea că toate lucrurile observate, se află ÎN CEVA, că acestea FORMEAZĂ CEVA... Iar acest CEVA a primit numele de UNIVERS... Se poate concepe că UNIVERSUL este limitat din punctul de vedere al proprietăţilor sale, însă această limitare nu trebuie înţeleasă ca pe ceva absolut, peste care nu se poate trece, dincolo de care s-ar afla neantul; dincolo de aceste limite, care apar inevitabil, materia, spațiul, timpul, mișcarea, etc. toate acestea iau alte forme, UNIVERSUL are alte proprietăți, de fapt, se deschide un ALT UNIVERS, cu specificul său, așa după cum și acest UNIVERS și-l are pe al său... Ca urmare, limitarea în ultimă instanță a UNIVERSULUI, are un caracter relativ, dar nu ambiguu !... În general, UNIVERSUL, este limitat, atât în reprezentarea sa, cât și în manifestarea sa, dincolo de aceste limite, apar alte modalități de reprezentare și manifestare a UNIVERSULUI, modalități diferite de ale UNIVERSULUI ACTUAL.

UNIVERSUL ACTUAL pare să aibe o conformație stratificată (începând cu nivelul cuantic, până la nivelul galactic și metagalactic, Universul se dispune pe niveluri, care au diferite domenii de reprezentare și manifestare, o anumită structură și respectiv un anumit mod de organizare; la niveluri diferite se pot întâlni structuri specifice, de trecere).

Carl Sagan avea dreptate când scria...

"Universul îi obligă pe cei care trăiesc în el să-l înțeleagă. Acele ființe cărora viața de zi cu zi le pare un amestec nediferențiat de evenimente imprevizibile, neregulate sunt într-un grav pericol. Universul aparține acelora care, cel puțin într-o oarecare măsură, l-au înțeles."

Pe de altă parte, pot exista Universuri care se intersectează sau se întrepătrund cu Universul nostru, coexistă cu Universul nostru, au alte configurații și constituții, dar nu au vreo legătură unele cu altele. Mai pot exista și Universurile extracinetice (adică, materia se află în afara limitelor maxime și minime de viteză – respectiv viteza luminii în vid și a vitezei minime absolute, corespunzătoare temperaturii minime absolute); în aceste cazuri, materia capătă alte proprități decât cele obișnuite din actualul Univers...

În general, ne apare viziunea unui HIPERUNIVERS (care poate fi numit și MARELE UNIVERS), definit prin nesfârșite alte forme și modalități de reprezentare și manifestare și care conține nenumărate alte Universuri...

6. IPOTEZĂ DESPRE MARELE UNIVERS

Cosmologia este o știință bine definită și în plină evoluție, se referă la studiul Universului (origine, evoluție, modele).

De ce au apărut galaxiile și în general, de ce a apărut Universul, așa cum ni se prezintă el actualmente ? După datele științei, se formează imaginea unui Univers în expansiune, care ar fi provenit dintr-o "Mare Explozie" (Big-Bang), ar fi avut un moment inițial, după care ar fi început să evolueze. Pe de altă parte, conform unui alt model, respectiv conform modelului "Universului Staționar" (care este însă actualmente mai puțin răspândit), se arată că materia s-ar genera continuu, spațiul fiind infinit, iar timpul fiind etern... În ambele modele, nu este precizat însă caracterul global al existenței Universului, adică, pur și simplu de ce există și de ce a ajuns să fie așa cum este, iar în cazul modelului staționar, în plus, de ce spațiul este infinit și timpul nu are sfârșit ? O ipoteză ar fi următoarea. Universul actual – așa cum îl cunoaștem – face de fapt parte dintr-un ansamblu hipercomplex (de o complexitate inimaginabilă), este numai un fragment din acest ansamblu, ansamblu pe care l-am denumit MARELE UNIVERS... S-ar putea chiar afirma că Universul actual își datorează existența unor moduri de existență, atribute, forme de existență, structuri și procese necunoscute actualmente, care au generat în "final" însăși existența acestuia, a Universului (figura 12).

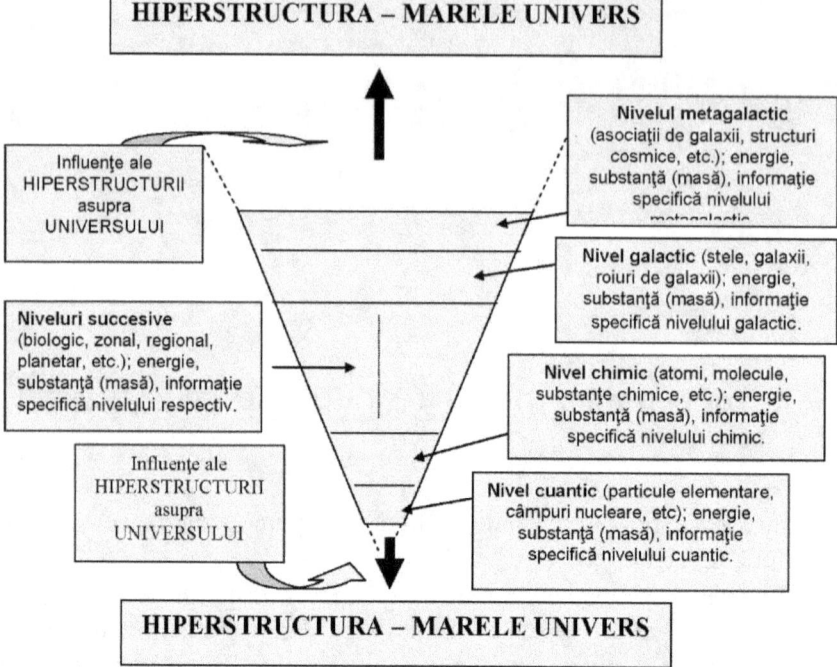

Figura 12 Integrarea UNIVERSULUI în HIPERSTRUCTURĂ (schemă simplificată)

Aşadar, Universul actual – aşa cum îl cunoaştem – face de fapt parte dintr-un ansamblu hipercomplex (de o complexitate inimaginabilă), este numai un fragment din acest ansamblu, ansamblu pe care l-am denumit MARELE UNIVERS…

Existenţa ca reprezentare şi manifestare, diversă şi în devenire, este altfel spus, materia şi conştiinţa sau spiritul. Acestea sunt inseparabile, acolo unde este materie este şi spirit, iar acolo unde este spirit este şi materie, sunt două existenţe fundamentale, la fel ca unda şi corpusculul din fizica cuantică, fiind vorba aşadar de o dualitate materie – spirit.

Materia şi spiritul sunt caracterizate prin *moduri de existenţă, atribute, forme de existenţă.*

Mişcarea şi subtilitatea ca moduri de existenţă ale materiei şi spiritului, spaţiul şi timpul ca atribute ale materiei şi spiritului, substanţa, energia, informaţia, câmpul ca forme de existenţă ale materiei şi spiritului, nu ar fi şi singurele, putând fi şi altele…

S-ar putea chiar afirma că Universul actual îşi datorează existenţa unor moduri de existență, atribute, forme de existență, structuri și procese necunoscute actualmente, care au generat în "final" însăși existența acestuia, a Universului. Pe de altă parte mai apare o problemă – aceea a Universurilor posibile sau alternante sau paralele. Se pare că există rețele de Universuri posibile care se întrepătrund... Iată, să consider modelul de Univers "Big – Bang", din care a derivat modelul inflaționist de Univers, precum și alte modele... Într-unul dintre modele se consideră că a existat un moment inițial, o origine a Universului, o stare de singularitate, un așa-numit "atom primordial", care a generat o Mare Explozie, respectiv o degajare de toponi (cuante de spațiu), de crononi (cuante de timp), de energie, de radiație... Mai întâi a existat o condensare a toponilor o cuplare a cuantelor de spațiu și apoi o condensare a crononilor, a cuantelor de timp, simultan cu crearea de cuante de energie... Crononii au reglat ritmurile și evoluția ulterioară a Universului. Modul cum s-a structurat Universul ulterior – respectiv din punct de vedere spațial cele trei dimensiuni, s-a datorat cuplării toponilor cu crononii și cuantele de energie (energoni)...

După realizarea continuumului spațio-temporal prin cuplarea topon – cronon – cuante de energie (energon), au fost generate mai departe particulele subcuantice, apoi particulele elementare, apoi stelele, galaxiile...

Dificultățile acestor modele constau în faptul că nu pot indica, nu pot spune nimic despre starea de singularitate, ce este de fapt și ce a fost înainte de această stare...

Îmi imaginez, conform cu conservarea și echivalența generalizată că, de fapt, starea de singularitate a fost o stare de concentrare extremă a informației, în acest caz nu era necesar să existe în prealabil un moment de timp, un "înainte" și un loc anume pentru singularitate. Din această concentrare extremă de informație, a rezultat, prin echivalența generalizată, cuantele de spațiu, de timp, apoi energia, câmpurile și substanța...

Dar revenind la momentul "Big – Bang", în acel moment, Universul "avea" mai multe posibilități de evoluție... Fiecare posibilitate de evoluție, constituia, altfel spus, o direcție de evoluție sau un vector de evoluție, fiecare era de fapt, un Univers Posibil...

Apoi, odată cu evoluția Universului (pe o linie de evoluție anumită), au existat momente de răscruce, puncte nodale și fiecare punct nodal genera o mulțime de posibilități de evoluție, de alte direcţii de evoluţie, genera alte Universuri Posibile. Toate aceste posibiliăţi de evoluţie formează, altfel spus, reţele de evoluţie sau reţele virtuale, matrici ale Universului Primordial, ale MARELUI UNIVERS, formează o hiperstructură a Existenţei (una dintre hiperstructuri, pentru că sunt o mulţime...). Câteodată au loc interferări, suprapuneri, transferuri între Universurile Posibile şi Universul Real (care, în fond, dacă îl raportăm la alt referenţial este tot un Univers Posibil, deoarece distincţia real – posibil este relativă, depinde de un sistem de referinţă, de un referenţial). Universurile Posibile se aseamănă, dar se şi deosebesc între ele.

Posibilităţile de evoluţie se suprapun şi se combină, formând "roiuri" sau asocieri de Universuri Posibile (figura 13).

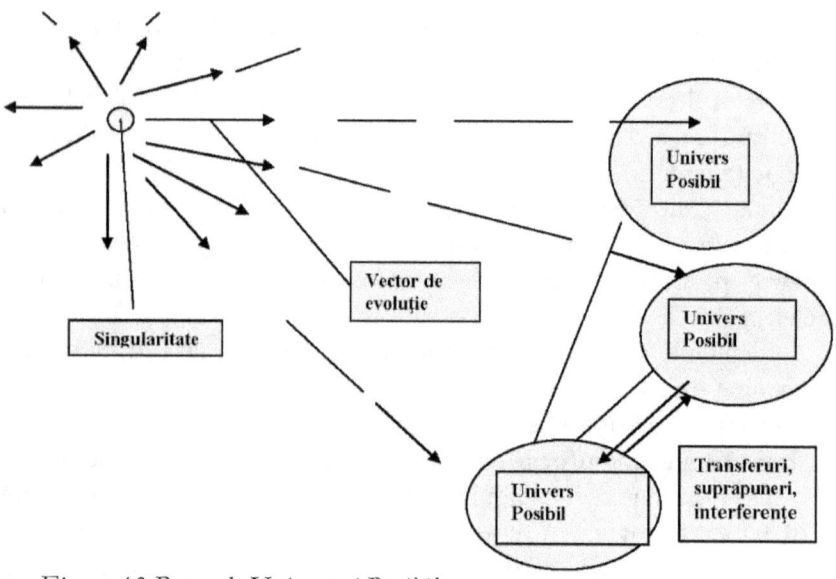

Figura 13 Reţea de Universuri Posibile

Pentru a înţelege întrucâtva, dar simplificând mult problema aceasta a Universurilor Posibile (Alternative), iată un exemplu. O posibilitate ar fi fost ca primul sau al doilea război mondial să nu fi avut loc, iar într-un astfel de Univers, chiar nu a avut loc ! Evoluţia ulterioară a evenimentelor în acest Univers a continuat de la fundamentul că *războiul nu a avut loc* ! Un astfel de Univers există-în-sine... Posibilitatea cealaltă, că războiul a avut loc, s-a realizat pentru noi... Însă noi suntem reali pentru... noi, în vreme ce pentru Universul în care războiul nu a avut loc, noi suntem doar...

posibili...

În sfârșit, o a treia posibilitate ar fi fost să se fi produs alte evenimente la fel de cruciale ca și declanșarea războiului, spre exemplu contactul cu o civilizație extraterestră, sau o mare descoperire științifică sau tehnologică, iar în acest caz evoluția umanității ar fi avut un alt curs... (figura 14).

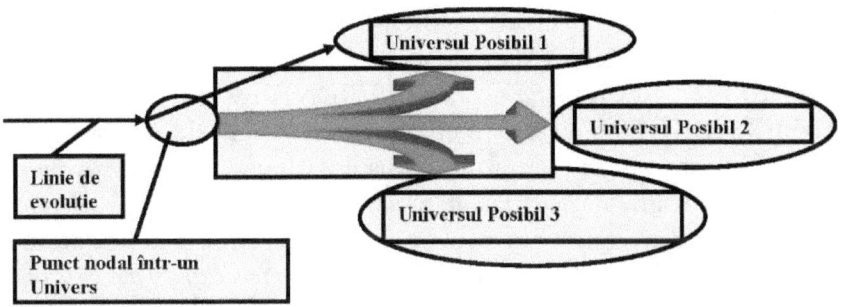

Figura 14 Universuri Posibile – exemplu

<u>*Universul Posibil 1*</u> – Universul în care nu a avut loc războiul.

<u>*Universul Posibil 2*</u> – Universul în care a avut loc războiul.

<u>*Universul Posibil 3*</u> – Universul în care a avut loc un eveniment crucial (punct nodal), diferit de evenimentul crucial constituit de declanșarea războiului.

Punctul nodal este constituit de un eveniment crucial care implică urmări importante în evoluție; în cazul Universului Posibil 1, caz în care nu a avut loc războiul, punctul nodal este de fapt zero, dar pentru simetrie și sinteză, a fost luat astfel în considerare. Ei bine, în anumite situații, în anumite conjuncturi, pot avea loc suprapuneri și transferuri de entități materiale și / sau spirituale dintr-un Univers Posibil în altul. În MARELE UNIVERS, atât evenimentele posibile cât și entitățile posibile sunt indestructibile, nici măcar un singur eveniment posibil sau o entitate posibilă nu se pierde... Este conservarea existențială generalizată.

- <u>*Evenimentele posibile*</u> (apropiat de devenire) – caracterizează evoluția în timp a unui proces sau a unor procese; răspunde la întrebările: *ce va fi ?, ce a fost ?, cum va fi ?, cum a fost ?*, sau este definit prin: *este posibil să fie cândva, undeva,... este posibil să fi fost cândva, undeva...* Generează Universurile Posibile propriu-zise sau Alternative.

- <u>*Entitățile posibile*</u> (apropiat de diversitate) – caracterizează existenţa unui obiect, lucru, fenomen nou, necunoscut, distinct, indiferent dacă aparţine sau nu aparţine unui proces; răspunde la întrebări ca: *ce poate fi ?, cum poate fi ?*, sau este definit prin: *este posibil să existe (indiferent ce, indiferent de ce, indiferent cum…)*. Generează Universurile Posibile Paralele.

Dacă avem în vedere extraordinara varietate de evenimente posibile şi de entităţi posibile, observăm bine cât de complicată este problema… Atât Universul "nostru" căruia îi spunem REAL, cât şi Universurile Posibile (Alternative şi Paralele) sunt înglobate în MARELE UNIVERS (HIPERUNIVERS) sau în HIPERSTRUCTRĂ, care este un ansamblu extrem de complex şi de vast şi în care materia şi spiritul (conştiinţa) nu sunt decât forme de existenţă fundamentală alături de multe alte forme…

În ceea ce priveşte Universul "nostru", acesta, se pare, că are trei stadii fundamentale de evoluţie: *stadiul informaţional (începând cu Marea Explozie), stadiul energetic (sau radiativ, ulterior Marii Explozii) şi stadiul substanţial (sau masic)*, stadii care se repetă în decursul evoluţiei sale, pe alte niveluri.

În acest cadru, informaţia stocată în singularitate s-a transformat în energia radiantă care, mai departe, s-a transformat în substanţă (atomi, molecule, ansambluri cosmice, stele, galaxii, etc.), toate acestea conform cu echivalenţa generalizată.

Iniţial informaţia esenţială (fundamentală) s-a transformat în energie (radiaţie) – Momentul Big Bang (Marea Explozie sau Marele Început). Apoi, energia (radiaţia) s-a transformat parţial în masă, parţial în diverse categorii sau tipuri de energie (reprezentate spre exemplu de energia termică, energia electrică, magnetică, nucleară, gravitaţională) şi în diverse tipuri de informaţie (reprezentate prin diverse structuri cuantice şi cosmice – particule, stele, galaxii şi prin diverse procese coerente).

În cadrul evoluţiei Universului, spre finalul acestei evoluţii, au loc diverse transformări iar în final masa şi energia Universului se transformă în INFORMAŢIA TOTALĂ (amplificată, diferită de aceea care a fost iniţial; are loc Marea Sfărâmare sau Marele Sfârşit care este, totodată, instantaneu şi Marele Nou Început sau Marea Nouă Explozie)…

Mai mult decât atât, în continuarea acestor ipoteze non-convenţionale, se poate afirma că, odată cu trecerea timpului (de ordinul a zeci de miliarde de ani), se vor sintetiza aşa-numitele elemente chimice supergrele, adică elemente chimice cu nuclee având numere de masă foarte mari, spre exemplu cu numărul de protoni apropiat de 114 și numărul de neutroni de aproximativ 184. Aceste elemente vor deschide seria unor substanțe de mare stabilitate, cu proprietăți deosebite, dar care, totodată, vor acumula masa și respectiv gravitația din Univers.

Așa-numitele goluri negre (sau black hole), vor fi preponderente, dar totodată vor înmagazina și informația produsă în Univers de-a lungul evoluției sale, fiind un stadiu de sinteză, în care energia, informația și substanța vor fi în echilibru, după care, va fi o prăbușire a Universului și constrângerea acestuia într-o stare de singularitate finală (figura 15).

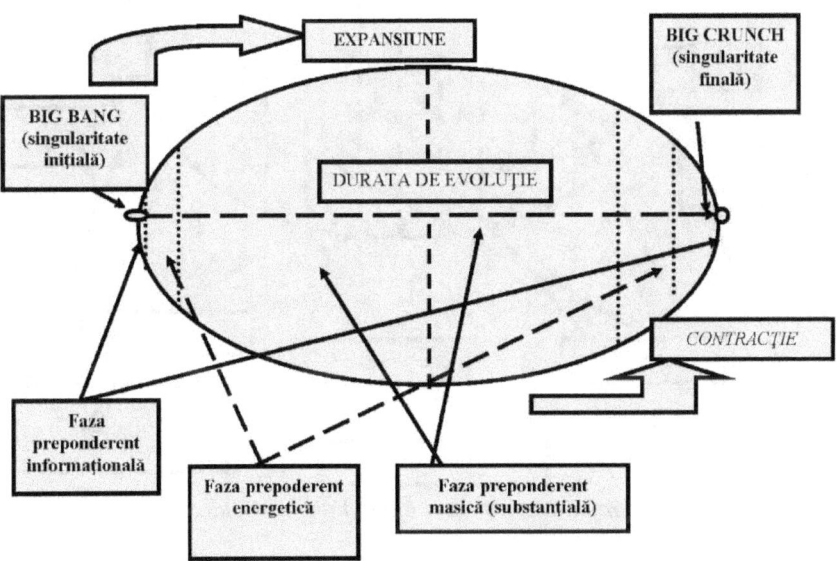

Figura 15 Etapele de evoluție ale Universului în ipoteza expansiune – contracție

- Problematica originii și a finalității Universului

O posibilitate ar fi că se parcurg succesiv mai multe faze începând cu momentul inițial "α" (alfa) – **singularitatea "n"** (momentul BIG – BANG) - respectiv *faza informațională, faza energetică, faza substanțială.* Inițial se generează perechi topon – cronon (cuante de spațiu și respectiv cuante de timp) care se cuplează formând *superstringuri* SAU *filamente* care, mai departe, generează diverse structuri cuantice și apoi structuri cosmice, până la momentul "ε–λ" , când sunt generați în continuare crononi, dar toponii se anihilează progresiv până la momentul final α (omega).

Este foarte dificil de descris în cuvinte sau în formule matematice această situație. Singurele modalități de a înțelege sunt intuiția și imaginația.

Schematic situația pare să fie aceasta (figura 16).

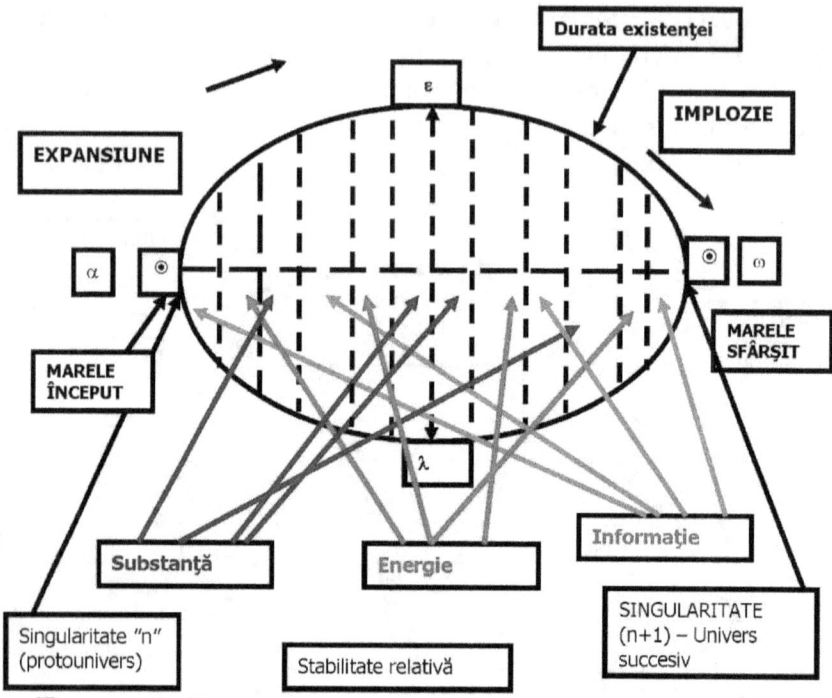

Figura 16 Problematica originii și a finalității Universului

- Evoluția pulsatorie generală a Universului

Sunt etape succesive, plecând de la o "protosingularitate"; cuprind "evoluții de etapă". Universul are o evoluție caracterizată prin etape succesive, etape care parcurg fazele generale interne, respectiv fazele "informație – energie – substanță". După fiecare evoluție, Universul devine din ce în ce mai "nuanțat", mai complex, "mai mare", până ajunge la o anumită limită de evoluție globală, când are loc "VERY BIG CRUNCH" ("FOARTE MAREA SFĂRÂMARE" sau "AUTENTICA MARE SFĂRÂMARE"), când sunt generate singularități și / sau protouniversuri...

Schematic, situația pare să fie aceasta (figura 17).

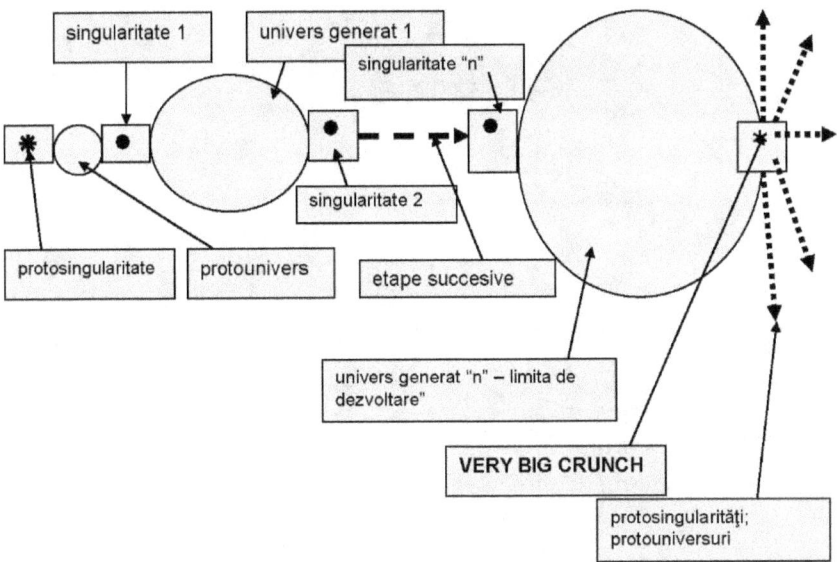

Figura 17 Evoluția pulsatorie generală a Universului

Se poate considera însă că sunt și alte finalități ale Universului, spre exemplu: fie expansiune nedefinită, fie implozie transfinită, fie stabilitate nedefinită, fie evoluție pulsatorie nedefinită (situația figurată, dar fără "very big crunch"), fie succesiuni de explozii cu generare de protouniversuri și singularități.

Pe de altă parte mai trebuie ținut cont de conexiunile Universului "nostru" cu alte Universuri, cu alte entități din HIPERSTRUCTURĂ, așa încât scenariul acesta privind prăbușirea Universului, este numai unul posibil.

- O IMAGINE DESPRE MARELE UNIVERS

Schematic și foarte simplificat situația pare să fie aceasta (figura 18).

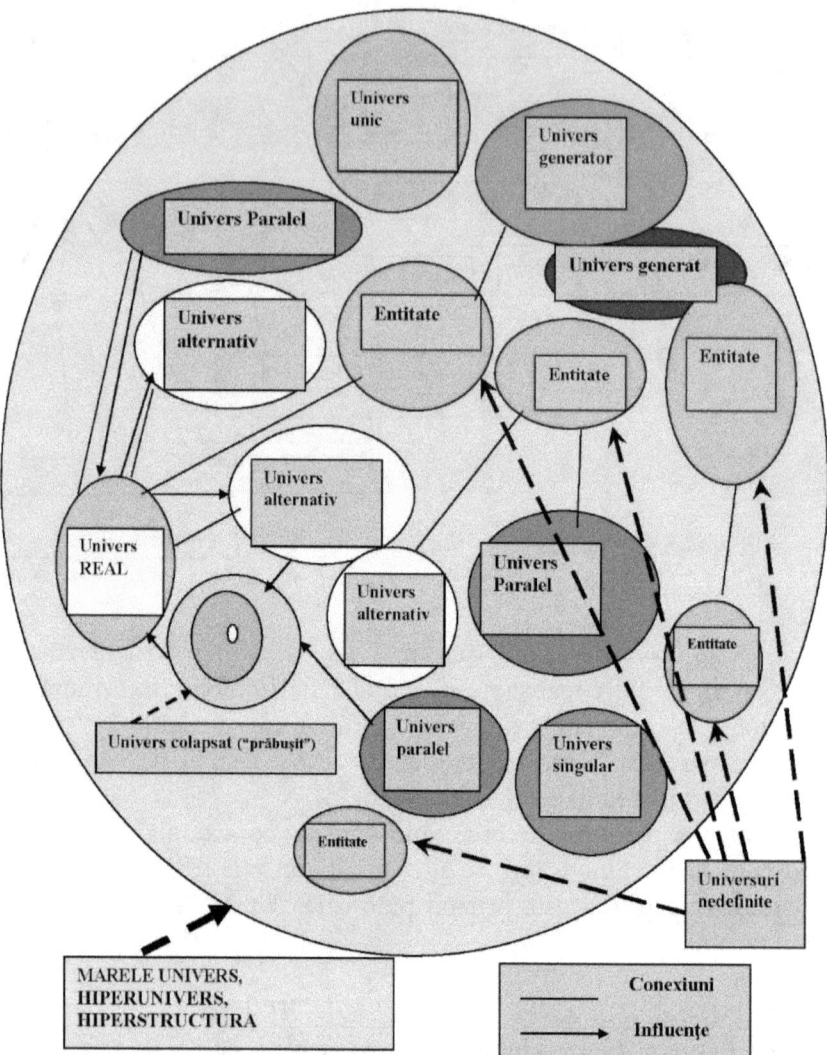

Figura 18 HIPERSTRUCTURA MARELUI UNIVERS

Aşadar, MARELE UNIVERS sau HIPERUNIVERSUL ar putea avea următoarea alcătuire:

♦ Universul REAL – un Univers oarecare din infinitatea de Universuri; este real întrucât este considerat Univers de referinţă.

♦ Universuri Posibile, care pot fi, la rândul lor:

♣ Universuri Alternative – decurg din devenirea unui Univers oarecare.

- Universuri Paralele – decurg din diversitatea Universurilor.

♣ Universuri Nedefinite – sunt Universuri care au alte principii de organizare, alte Entităţi sau atribute care le definesc, diferite de spaţiu şi timp (numite şi Entităţi Generalizate).

Universul REAL este Universul "nostru", acela cunoscut sau pe care îl conştientizăm, dar el este un Univers Posibil raportat la alte Universuri... Este REAL pentru "NOI" DAR ESTE POSIBIL pentru alte Universuri, pentru alte subiecte cunoscătoare sau fiinţe cunoscătoare din alte Universuri. S-ar putea chiar afirma că Universul "nostru" îşi datorează existenţa unor moduri de existenţă, atribute, forme de existenţă, structuri şi procese necunoscute actualmente, dar care au generat în "final" o anumită existenţă şi anume existenţa a ceea ce numim... Universul "nostru".

Este foarte greu de dovedit că Hiperstructura există sau nu. În definitiv acceptarea sau nu a existenţei Hiperstructurii este corelată cu tipul de gândire. Sunt trei tipuri:

- Tipul de gândire exclusivist sau conflictual – este succint reprezentat de propoziţia " SAU este adevărat că există Hiperstructura şi Marele Univers SAU este fals."

- Tipul de gândire cooperant – este reprezentat de propoziţia: " Este ŞI adevărat ŞI fals că există Hiterstructura – depinde din ce perspectivă se consideră existenţa sau inexistenţa Hiperstructurii."

- Tipul de gândire polivalent – " Nu este NICI adevărat dar nu este NICI fals că există Hiperstructura; tot ce se poate spune este că POATE exista sau că Hiperstructura este o NEDETERMINARE..."

Într-un articol intitulat *"Universul nostru se află într-o gaură neagră ?"* se afirmă următoarele:

" Există în rândul comunităţii ştiinţifice internaţionale unele teorii îndrăzneţe ce avansează posibilitatea ca întregul univers în care trăim să existe, de fapt, în interiorul unei găuri negre. În această optică bizară, Universul dinaintea Big-Bang-ului este unul vast, infinit şi cu o vârstă inestimabilă.

Oamenii de ştiinţă de la Princeton şi Cambridge susţin că mare parte din Univers este distrus în mod constant, atât ca timp cât şi ca spaţiu, de găurile negre. În fiecare ciclu distructiv, numai o mică sămânţă de spaţiu locuibil supravieţuieşte, dezvoltându-se apoi după principiul Păsării Phoenix, pentru a forma un nou univers cu ajutorul aparent atotputernicei materii întunecate."

(http://www.descopera.ro – "Universul nostru se afla intr-o gaura neagra?", 06 ianuarie 2010, Sursa: Dailygalaxy)

NOTE

1. Referitor la ***problema creației, a creatorului.***
Se mai poate considera posibilitatea existenței unui creator (GENERATOR DE UNIVERS) inclus în HIPERSTRUCTURA MARELUI UNIVERS) (figura 19).

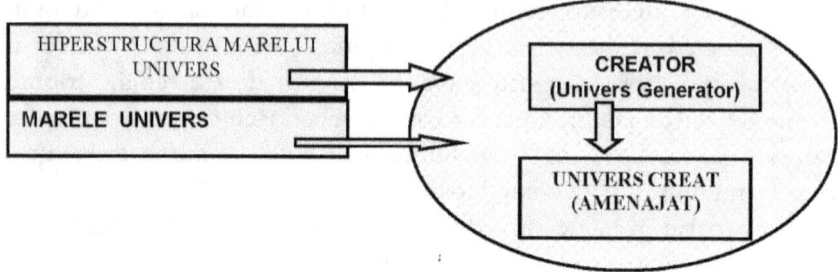

Figura 19 Ipoteză despre Creator (Universul generator)

Pe de altă parte, se cunoaște, desigur, importanța care s-a acordat în decursul timpului de către oameni a **creației** – fie că Universul, tot ceea ce există, este rezultatul ACTIVITĂȚII unui **CREATOR - DUMNEZEU**, fie că, pe de altă parte, **UNIVERSUL**, nu a fost în mod necesar creat – a existat dintotdeauna și va exista pentru todeauna... Sunt două moduri de a concepe EXISTENȚA, UNIVERSUL... Este de fapt, problema **CAUZEI PRIMORDIALE: cauza primordială** a fost FIE UN **CREATOR – DUMNEZEU**, iar efectul îl constituie **UNIVERSUL**, FIE, pe de altă parte, **cauza primordială** nu a fost un **CREATOR**, a fost mai curând un complex de factori, nedeterminați, dar care au avut același efect – **UNIVERSUL**...

Primul caz, recunoașterea existenței **CREATORULUI**, implică două dificultăți care ar trebui depășite. O primă dificultate pe care o numesc **regresia infinită** constă în următorul aspect: dacă există un Creator C1 care a generat sau a creat Universul, atunci se pune problema creației Creatorului C1 de către un alt Creator C2, care mai departe, presupune existența altui Creator C3 și așa mai departe...

Chiar dacă se presupune infinitatea Creatorului, aceasta nu rezolvă problema: un Creator infinit poate fi creat la rândul lui de către alt Creator infinit...

O a doua dificultate pe care o denumesc **ignoranța absolută**, constă în următorul aspect: dacă un Creator a generat Universul, atunci nu se poate cunoaște niciodată nimic despre Creator, despre modul cum a creat Universul și motivul pentru care a creat Universul.

Al doilea caz, anume că Universul nu a fost creat, a existat și va exista întotdeauna, implică o dificultate majoră, pe care o denumesc *enigma imanenței* și constă în următoarele: dacă Universul nu a fost creat, atunci se pune problema cauzei pentru care există și a cauzelor organizării și evoluției acestuia (chiar dacă se presupune că este infinit și etern); totul atunci se reduce la imanență – cauza existenței Universului precum și cauzele organizării și evoluției Universului sunt *imanente*, adică sunt caracteristici inerente Universului, rezidă în însăși esența Universului, însă cunoașterea acestei imanențe rămâne mereu o enigmă, în afara posibilităților de cunoaștere... Oricare dintre aceste două cazuri implică mai departe două modalități de a concepe EXISTENȚA, UNIVERSUL... fiind totodată două modalități de cunoaștere...

O posibilitate de a concilia aceste două modalități ar putea fi aceea de a considera existența unui Creator pentru un Univers, simultan cu existența Hiperuniversului, care include așadar Creatorul și Universul creat (amenajat)... Problematica rămâne deschisă...

Pe de altă parte, se mai poate pune următoarea problemă. Este posibil ca un anumit subiect cunoscător (o ființă anumită având capacitatea de a cunoaște lumea) care are o anumită structură definită printr-o anumită complexitate, să studieze sau să cunoască o realitate care are o structură definită printr-o complexitate egală sau mai mare decât aceea a subiectului cunoscător ? Cu alte cuvinte, omul, care datorită creierului său are cea mai mare complexitate din natură, este oare capabil să cunoască o realitate care ar avea o complexitate egală sau mai mare decât a sa ?

Este o probabilitate foarte mare de a se cunoaște structuri mai puțin complexe sau cel mult egale decât acelea din care este alcătuit omul...

În acest sens se poate introduce principiul compatibilității dintre complexitatea subiectului cunoscător și complexitatea obiectului de cunoscut (o realitate oarecare) principiu care afirmă că un subiect cunoscător poate cunoaște realitatea numai în măsura în care complexitatea realității este cel mult egală cu a sa (se realizează o compatibilitate între subiectul cunoscător și realitate); dacă realitatea este mai complexă decât subiectul cunoscător, atunci probabilitatea ca aceasta să fie accesibilă cunoașterii este foarte mică.

Așadar, dacă structura Marelui Univers (numită Hiperstructură), este mai complexă decât structura care definește omul (structură care este definită printr-o anumită complexitate, aici poate fi vorba de structură somatică, psihică, socială), probabilitatea ca oamenii să cunoască Marele Univers este foarte redusă, datorită diferenței de complexitate. Cu alte cuvinte, dacă o realitate este mult mai complexă decât civilizația umană, atunci va fi foarte puțin probabil să poată fi cunoscută acea realitate de către civilizația umană; va putea fi cunoscută totuși dacă civilizația umană va ajunge, prin evoluție, la o complexitate compatibilă cu acea realitate...

În articolul *"Câte universuri există în multivers ?"* (http://www.descopera.ro, 20.10.2009), se arată următoarele...

"Potrivit lui Linde și Vanchurin, cantitatea totală de informație care poate fi absorbită de un individ în timpul vieții sale este de aproximativ $10^{10^{16}}$ *biți. Deci un creier uman normal poate avea (adică zece la puterea a zecea la puterea a șaisprezecea) configurații și astfel nu ar putea distinge niciodată un număr de universuri mai mare decât acesta. Deci limita nu depinde de proprietățile multiversului ci de proprietățile observatorului."*

*

2. Referitor la pluralitatea universurilor, într-o carte interesantă scrisă de către Brian Greene – „*Realitatea ascunsă: universurile paralele și legile profunde ale cosmosulu*" (Editura Paralela 45, București, 2012, trad. Amalia Mărășescu), sunt prezentate succint diferite tipuri de universuri paralele, începând cu „Multiversul matlasat" (acesta este descris astfel: „*condițiile dintr-un univers infinit se repetă în mod necesar pe cuprinsul spațiului, generând lumi paralele*"), continuând cu „Multiversul inflaționar" (este descris după cum urmează: „*inflația cosmologică eternă generează o rețea enormă de universuri cu bule, din care unul ar fi al nostru*") și terminând cu Multiversul perfect (descris în felul următor: " ... *fiecare univers posibil este un univers real*"...).

Alte tipuri de universuri paralele descrise sunt: multiversul membrană, multiversul ciclic, multiversul peisaj, multiversul cuantic („*mecanica cuantică sugerează că fiecare posibilitate reprezentată prin undele sale de probabilitate este realizată într-unul dintr-un vast ansamblu de universuri paralele*"), multiversul holografic și multiversul simulat („*salturile tehnologice sugerează că universurile simulate ar putea fi posibile într-o zi")* (Pag. 368, 369).

Câteva aspecte privind gravitația

• *Despre gravitație*

Gravitația este considerată încă a fi un mister, cu toate că s-au elaborat de-a lungul timpului tot felul de teorii... Newton a definit gravitația ca fiind o forță – forța atracției universale (două corpuri acționează unul asupra celuilalt cu o forță de atracție, numită forța gravitațională, direct proporțională cu masele celor două corpuri și invers proporțională cu pătratul distanței dintre ele, fiind proporțională cu o constantă, numită constanta atracției universale, sau constanta gravitației G și egală cu 6,674 28(67)×10-11 m3•kg-1•s-2).

Forța gravitațională este una dintre cele patru forțe fundamentale ale naturii (conform cu articolul „Gravitația: forța misterioasă", scris de Don DeYoung, Creation Ministries International, 2016):

* **Numele fortei >>> Puterea relativa >>> Responsabila pentru**

* Tare >>> 1 >>> Stabilitatea nucleilor atomici
* Electromagnetică >>> 10^{-2} >>> Unirea atomilor, moleculelor
* Slabă >>> 10^{-6} >>> Procesele de dezintegrare radioactivă
* Gravitația >>> 10^{-43} >>> Stabilitatea obiectelor din spațiu

Gravitația este cea mai slabă forță de interacțiune, dar are ca efect stabilitatea obiectelor în spațiu – atât la nivel cosmic cât și la nivel planetar.

În teoria relativității, gravitația este considerată ca fiind o curbură a spațiului cu patru dimensiuni – numit și spațiu-timp. Varietățile extreme ale gravitației în acest caz sunt găurile negre și găurile de vierme, care se formează, așadar în condițiile în care intensitatea câmpului gravitațional este foarte mare, caz în care orice obiect este atras în această entitate numită gaură neagră...

Iată, spre exemplu, un citat, dintre multele care se pot da, referitor la situația actuală a cunoașterii gravitației:

"În prezent știm că obiectele au proprietăți cuantice, cum ar fi dualismul undă-corpuscul. Atunci când se încearcă să se aplice teoria cuantică pentru descrierea gravitației, lucrurile devin complicate și confuze. În majoritatea teoriilor

cuantice, obiectele cuantice există în cadrul continuumului spațiu-timp. Din moment ce gravitația este o proprietate a spațiului-timp, cuantificarea gravitației presupune cuantificarea spațiului și a timpului. Există mai multe modele teoretice care încearcă acest lucru, dar niciunul dintre ele nu este un model cuantic complet. Pe baza înțelegerii actuale a gravitației, putem descrie cu acuratețe mișcarea stelelor și planetelor. De asemenea, s-au putut face unele previziuni aparent ciudate, cum ar fi găurile negre și Big Bang, care au fost confirmate în mod observațional. Testele experimentale și observaționale ale relativității generale au validat exactitatea acestei teorii. Obiectele mari ce au o gravitație puternică pot fi descrise foarte bine de teoria clasică a gravitației. Pentru obiectele mici, care au o gravitație slabă, actualele soluții aproximative pentru gravitația cuantică sunt destul de bune. Problema apare atunci când vrem să descriem obiecte mici având o gravitație puternică, cum ar fi primele momente ale Big Bang-ului."

(http://www.stiintaonline.ro/ce-este-in-realitate-gravitatia/ , Ce este în realitate gravitația? 8 februarie 2016)

*

Alte aspecte privind gravitația sunt expuse succint în cele ce urmează...

- Gravitația generează ordine, respectiv periodicitate (adică simetrie temporală - întrucât periodicitatea este o simetrie temporală).

- Gravitația generează stabilitate – prin faptul generază structurile cosmice, stabile dar și instabilitate – prin aceea că generează găuri negre care produc destructurări majore la scară cosmică.

- În general GRAVITAȚIA generează complexitate și informație... Fără gravitație complexitatea și informația asociată nu ar putea exista...

- Gravitația poate fi considerată ca fiind o interfață între spațiu-timp și vidul cuantic; pentru ca gravitația să apară este necesară o curbură a spațiului-timp dar și o fluctuație a vidului cuantic...

- Întrebare: dacă gravitația este o curbură a spațiului-timp, ce sau cine va produce această deformare a spațio-timpului ? CEVA produce deformarea spațio-timpului... CE ? UNIVERSUL ESTE INCLUS ÎN HIPERSTRUCTURĂ și de aici este de așteptat să apară gravitația ca fiind un fel de presiune a celorlalte universuri...

Invers – dacă gravitația produce diferite deformări a spațio-timpului, atunci există o interacțiune între gravitație și spațio-timp...

• O IDEE DESPRE GRAVITATIE

Până acum se consideră aşadar că gravitaţia ar fi ceva intrinsec materiei - fie masa este o măsură a acesteia, sau a inerţiei, fie o curbură a spaţiului-timp... Dar dacă gravitaţia de fapt indică un fel de presiune a universurilor externe – respectiv a HIPERSTRUCTURII ? Cu alte cuvinte, gravitaţia pare să arate forţa cu care acţionează Universurile Paralele asupra Universului Nostru ! Această forţă este o forţă externă, de aceea nici nu s-a putut unifica cu celelalte interacţiuni, astfel încât UNIVERSUL NOSTRU este un univers electromagnetic, la care se adaugă gravitaţia ca forţă sau interacţiune externă !

Detectarea HIPERSTRUCTURII - prin intermediul câmpului electromagnetic – (respectiv a interacţiunilor electromagnetice), precum şi prin intermediul celorlalte interacţiuni - nucleară slabă şi tare, se pare că este foarte dificilă...

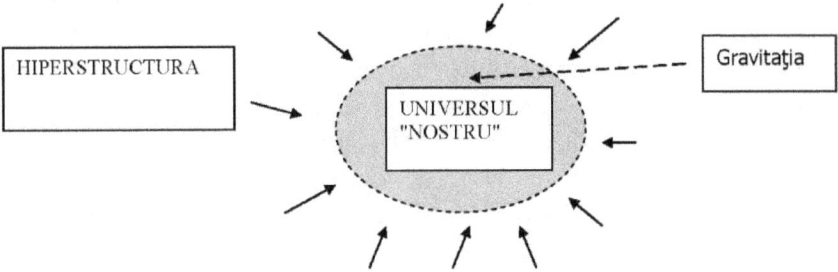

Aşadar, fie presupunem că gravitaţia este o proprietate intrinsecă a materiei, a Universului (forţă de atracţie, curbură a spaţiului-timp, gravitovortex, etc.), fie presupunem că este o proprietate extrinsecă, ea fiind de fapt rezultatul unei interacţiuni - între Universul „nostru" şi alte Universuri din HIPERSTRUCTURĂ !...

Evident acolo unde intensitatea gravitaţiei este foarte mare – găurile negre – acolo se poate presupune că interacţiune dintre Universul „nostru" şi Hiperstructură este deosebită...

7. DESPRE STABILITATE ŞI ORDINE

În natură există o anumită orientare spre stabilitate a structurilor şi a sistemelor care exprimă o anumită latură a existenţei. Această orientare spre stabilitate, ordinea din natură, precum şi echilibrele de orice fel (termodinamic, mecanic, biologic, social, etc.), sunt un efect al conservării generalizate şi al echivalenţei generalizate, deşi pe de altă parte, există schimbări şi dezechilibre (dar schimbările, dezechilibrele sunt, de fapt surse sau generatoare de informaţie).

Câteva exemple în acest sens sunt elocvente.

Stabilitatea şi ordinea la nivel nuclear

▶ *Nucleul reprezintă prima formaţiune stabilă.*

=> Stabilitatea relativă a nucleului se explică prin existenţa forţelor nucleare, care nu sunt nici de natură electrică, nici gravitaţională, fiind mai intense decât acestea (la scara nucleului). Forţele nucleare sunt centrale şi au o rază de acţiune foarte mică ($r \sim 10 - 15$ m ... $10 - 14$ m); la distanţe mai mici devin repulsive. Forţele nucleare sunt independente de sarcina electrică. Interacţiunea dintre nuclee se face prin schimb de particule (particule numite pioni).

=> Se constată experimental că nucleele care au un număr par de protoni şi neutroni sunt cele mai stabile (rezultă că nucleonii se grupează în perechi cu spinii opuşi şi ocupă acelaşi nivel energetic), iar nucleele care au un număr de protoni sau neutroni egal cu 2, 8, 20, 28, 50, 82, 126... (numere magice) au o energie mai mare decât celelalte, deci sunt mult mai stabile.

=> Cele mai stabile particule elementare sunt: protonul (este stabil în stare liberă, în afara nucleului, nu se dezintegrează), electronul, neutrino (miuonic, electronic), fotonul, neutronul (în stare liberă are o existenţă de 932 secunde). Celelalte particule prezintă o instabilitate accentuată (între $10 - 6$ secunde şi $10 - 16$ secunde).

=> Dintre particulele elementare, protonul şi neutronul intră în componenţa nucleului; electronul intră în componenţa atomului; mezonul π justifică existenţa forţelor nucleare, fotonul γ explică stările energetice ale atomilor excitaţi, iar neutrinul este necesar proceselor de conservare a masei şi energiei.

=> Instabilitatea la acest nivel este determinată de faptul că nucleele pot suferi procese de: fuziune, fisiune, dezintegrare (α, β-, β+), emisie radioactivă (X, γ).

NOTE

1. În acest context sunt de remarcat interacţiunile fundamentale, pe baza cărora se realizează stabilitatea la nivel cuantic.

Actualmente se cunosc patru tipuri fundamentale de interacţiuni ale particulelor elementare. După teoria cuantică actuală, fiecărui câmp îi corespunde o particulă, care este cuanta câmpului respectiv şi invers, particulelor elementre li se pot asocia câmpurile cuantice corespunzătoare. Tăria relativă a interacţiunilor se caracterizează, de obicei printr-o constantă adimensională în care apare, în mod obligatoriu, valoarea sarcinii electronului. Această constantă se numeşte constantă de interacţiune sau constantă de cuplaj. Tipurile de interacţiuni fundamentale sunt:

a. Interacţiuni tari sau nucleare – sunt caracterizate prin interacţiunile care apar între câmpul nucleonic şi câmpul mezonic sau în limbaj corespunzător, între nucleoni şi mezoni; acestor interacţiuni le corespund forţele nucleare, cu mică rază de acţiune, menţinând protonii şi neutronii în interiorul nucleului.

b. Interacţiuni electromagnetice – există de exemplu între două particule încărcate electric; o asemenea interacţiune este transportată de câmpul numit electromagnetic; cuanta câmpului electromagnetic este fotonul, iar mecanismul cuantic al interacţiunii se prezintă astfel: particulele încărcate electric emit, respectiv absorb, cuante γ (fotoni) care astfel mijlocesc interacţiunea dintre ele.

c. Interacţiuni slabe – se manifestă la dezintegrările β (electroni) şi în general la dezintegrarea altor particule; de aceea se mai numesc şi interacțiuni de dezintegrare.

d. Interacțiuni gravitaționale – sunt determinate de masele particulelor, indiferent dacă acestea posedă sau nu sarcini electrice.

Proprietățile principale ale diferitelor tipuri de interacțiuni sunt date în tabelul 7.

Tabelul 7 Tipuri de interacțiuni ale particulelor elementare

Interacțiunea	Tăria (constanta de cuplaj)	Particula de schimb	Raza de acțiune
Gravitațională	$\alpha_G = 4{,}6 \cdot 10^{-40}$	graviton	∞
Slabă	$\alpha_W = 8{,}1169 \cdot 10^{-7}$	bosoni Z^0, $W^{\pm}$	10^{-18} (m)
Electromagnetică	$\alpha = 1/137$	foton	∞
Tare	$\alpha_S \approx 1$	gluon	$\leq 10^{-15}$ (m)

(Conform - www.phys.ubbcluj.ro/ ~grigore.damian/ cursuri/ pe/ curs3.pdf)

În acest context, este de semnalat că la nivelul cuantic, printre cele mai generale probleme legate de proprietățile spațiului și timpului, precum și ale interacțiunii particulelor elementare, se pot enumera: principiile conservării energiei, impulsului, momentului cinetic, a sarcinii electrice, problemele invarianței și proprietățile de simetrie ale legilor particulelor în raport cu anumite transformări spațio-temporale.

Fiecărei proprietăți de simetrie îi corespunde invarianța legilor față de transformările spațio-temporale corespunzătoare. Emmy Noether în 1918 a ajuns la concluzia că invarianței legilor fizicii față de anumite transformări de simetrie, îi corespunde totdeauna o lege de conservare.

Spre exemplu, legea conservării impulsului și energiei corespunde respectiv invarianței legilor și ecuațiilor fizicii față de o translație a originii sistemului de coordonate și o schimbare a momentului inițial al timpului. Aceste transformări sunt legate de proprietățile de omogenitate a spațiului și de uniformitatea timpului.

Invarianța ecuațiilor de mișcare față de o rotație tridimensională, duce la legea de conservare a momentului cinetic. Aceasta este legată de izotropia spațiului (lipsa unor direcții privilegiate). Invarianței ecuațiilor de mișcare față de transformările Lorentz îi corespunde legea generalizată a conservării centrului de greutate. Aceasta este legată de așa-numitul principiu al relativității, care constă în echivalența tuturor sistemelor de coordonate care se mișcă uniform și rectiliniu, unul în raport cu altul.

Principiul relativității este legat la rândul lui de omogenitatea continuumului spațio-temporal (spațiul Minkowski). O altă lege importantă în domeniul cuantic, este legea conservării parității funcției de undă asociate unei particule. Succint, aceasta înseamnă următorul lucru... În domeniul cuantic, oricărei particule îi corespunde o undă și invers; unda poate fi descrisă printr-o formulă matematică numită funcție de undă ψ (x, y, z, t) – trei coordonate spațiale și o coordonată temporală.

Efectuând transformarea de inversiune spațială asupra funcției de undă ψ, se obține:

ψ (x, y, z, t) $\rightarrow$ ψ (- x, - y, - z, t). Să presupunem că funcția transformată diferă de cea inițială doar printr-un factor constant p:

ψ (x, y, z, t) = p ψ (- x, - y, - z, t). Mai aplicăm încă odată transformarea de simetrie spațială și atunci ne vom întoarce la coordonatele inițiale. Dar cea de a doua oglindire introduce din nou factorul p: p ψ (- x, - y, - z, t) = p^2 ψ (x, y, z, t).

Rezultă: ψ (x, y, z, t) = p^2 ψ (x, y, z, t). Prin urmare $p^2 = 1$, adică p = $\pm$ 1.

Mărimea p se numește paritatea funcției de undă; când p = + 1 funcția de undă este pară, iar când p = -1, particula este descrisă de o funcție de undă impară. Pentru fiecare particulă se poate determina paritatea ei proprie. Prin legea conservării parității la o reacție nucleară înțelegem că paritatea particulelor care intră în reacție trebuie să fie egală cu paritatea particulelor care au luat naștere prin procesul considerat.

Analog cu transformările de oglindire spațială, se pot considera și transformări de inversiune temporală t' = - t. Invarianței legilor particulelor elementare față de "oglindirea temporală", corespunde legea de conservare a parității temporale. Acest lucru este legat de faptul că toate procesele particulelor elementare sunt considerate reversibile. Pentru a deosebi formal paritatea spațială de cea temporală, la paritatea spațială se zice de obicei paritatea P și la cea temporală, paritatea T. Mai trebuie menționat și principiul conjugării de particulă – antiparticulă, conform acestui principiu, legile fizicii au o proprietate de simetrie față de schimbarea semnului sarcinii electrice a particulelor elementare (sau mai general, la o trecere de la o particulă la antiparticulă). Adică, se poate spune că dacă în natură există o particulă cu anumite proprietăți, va trebui să existe și antiparticula sa, care are aceleași proprietăți ca și particula, cu excepția unora dintre proprietăți (ca de exemplu sarcina electrică, sarcina leptonică, etc.) care la antiparticulă va apărea cu sens opus. Transformarea de conjugare de particulă-antiparticulă de obicei se notează cu C.

Invarianței legilor particulelor elementare, față de această transformare, îi corespunde legea de conservare a parității de sarcină C (paritatea C).

Această lege este legată de simetria de sarcină sau simetria particulă-antiparticulă, care se manifestă în natură.

Pentru a avea o imagine de ansamblu asupra legilor de conservare și proprietăților de simetrie folosită în fizica particulelor elementare, în tabelul 8 se prezintă sintetic principalele legi de conservare.

(Preluat din cartea – "*Fizică modernă și filozofie*", autor Tiberiu Toró, Editura Facla, Timișoara, 1973)

Tabelul 8 Simetrii și legi de conservare

Simetria >>> Transformarea >>> Legea de conservare (Mărimea care se conservă)

1. Omogenitatea spațiului >>> Translația originii x' = x + a >>> Impulsul

2. Uniformitatea timpului >>> Deplasarea momentului inițial t' = t + τ >>> Energia

3. Izotropia spațiului >>> Rotația axelor de coordonate >>> Moment cinetic

4. Stâng-drept. Simetrie de oglindire >>> Inversiune spațială x'k = − xk >>> Paritatea spațială P

5. Trecut-viitor. Simetrie temporală >>> Inversiunea temporală t' = − t >>> Paritatea temporală T

6. Simetrie de sarcină sau particulă - antiparticulă >>> Conjugare de particulă-antiparticulă >>> Paritatea de sarcină C

7. Simetrie combinată CP >>> Aplicarea simultană a transformării P și C >>> Paritatea combinată C P

8. Simetrie CPT >>> Aplicarea succesivă a transformărilor C, P,

T >>> Legea de conservare CPT
9. Simetrie electromagnetică >>> Transformări de etalon Ψ = e ieα Ψ >>> Sarcina electrică
10. Simetrie barionică >>> Transformarea de etalon barionică >>> Sarcina barionică
11. Simetrie leptonică >>> Transformarea de etalon leptonică >>> Sarcina leptonică
12. Izotropia izospaţiului >>> Rotaţia axelor izospaţiului >>> Izospinul I şi I3

În cadrul simetriei electromagnetice, formulele matematice care apar sunt cunoscute din electrodinamică, fiind denumite transformări de etalon sau de calibrare, Ψ este o funcţie spinorială care descrie interacţiunea electromagnetică a doi electroni, mijlocită de un câmp electromagnetic Aμ, iar α este o funcţie arbitrară de coordonatele x, y, z, t, numită funcţie de calibrare. Analog cu legea conservării sarcinii electrice, în fizica particulelor elementare se mai folosesc câteva legi asemănătoare cum ar fi legea conservării sarcinii leptonice. Prin sarcină leptonică se înţelege acel număr cuantic care are valoarea L = + 1 pentru toţi leptonii (neutrino, electron, miuon pozitiv) şi L = - 1 pentru toţi antileptonii (antineutrino, antielectron sau pozitron, miuon negativ) şi valoarea L = 0 pentru celelalte particule.

Legea conservării sarcinii leptonice înseamnă că sarcina leptonică înainte şi după interacţiune trebuie să rămână neschimbată.

O altă lege analoagă cu legea conservării sarcinii leptonice se referă la o nouă mărime, numită sarcină barionică. Sarcina barionică B se consideră egală cu + 1 pentru barioni (nucleoni, adică neutron şi protoni, precum şi pentru hiperoni), - 1 pentru antibarioni şi zero pentru celelalte particule (mezoni, leptoni şi fotoni). Experimentele arată că în toate procesele cunoscute din natură, sarcina barionică se conservă, adică suma sarcinii barionice înainte şi după proces este aceeaşi.

(Uneori se mai foloseşte în locul denumirii de sarcină barionică şi denumirile de "sarcină nucleară" sau "numărul barionic").

Dacă legea conservării sarcinii electrice se consideră ca o consecinţă a indestructibilităţii electronilor, atunci legea conservării sarcinii barionice se poate considera ca o manifestare a stabilităţii protonului şi în consecinţă a stabilităţii nucleelor şi a atomilor.

Semnificaţia Izospinului (care apare la simetria izospaţiului, aşadar izospinul este mărimea care se conservă) este legată de o proprietate caracteristică a forţelor nucleare, numită independenţă de sarcină, prin care se înţelege că, forţele care acţionează între nucleoni nu depind de sarcina lor, adică forţele nucleare între neutron-proton (n — p) sunt egale cu cele între proton – proton (p — p).

Cu alte cuvinte, protonul şi neutronul sunt echivalente din punct de vedere a interacţiunilor tari şi ele se pot considera ca două stări distincte ale nucleonului: starea nucleonului cu sarcina + 1 se numeşte proton şi cea cu sarcină zero este neutronul. Pentru a caracteriza aceste două stări ale nucleonului se introduce noţiunea de izospin. Este util să se mai introducă şi noţiunea de izospaţiu, un spaţiu fictiv tridimensional, asemănător cu spaţiul obişnuit, în care izospinul să fie considerat un vector cu trei componente I_1, I_2, I_3 . Astfel, nucleonii au izospinul $I = 1/2$, protonul având $I_3 = + 1/2$ şi neutronul $I_3 = - 1/2$. Dacă se consideră numai interacţiunile nucleare (forţele nucleare) este valabilă legea conservării izospinului; conform acestei legi izospinul total I cât şi I3 al tuturor particulelor nu se schimbă în urma interacţiunii nucleare $\Delta I = 0, \Delta I_3 = 0$; această lege de conservare, este o consecinţă a invarianţei izotopice, adică a invarianţei legilor interacţiunilor tari, faţă de rotaţia în izospaţiu şi este legată de izotropia izospaţiului. (Izotropia înseamnă însuşirea corpurilor de a avea proprietăţi fizico-mecanice, electrice, optice, magnetice, etc., independente de direcţia considerată).

Primele trei legi de conservare (ale energiei, impulsului şi momentului cinetic) din tabelul 2 în mod obişnuit se numesc *legi de conservare geometrice*, deoarece ele rezultă din invarianţa acţiunii faţă de transformări spaţio-temporale continue (dar nu şi discrete).

Celelalte legi de conservare, enumerate în tabelul 2. 2, care urmează din invarianţa la alte transformări (transformările spaţio-temporale discrete, transformările de etalon, etc.) se numesc *legi de conservare dinamice* şi sunt caracteristice tipului de interacţiune.

Acestea pot fi legi de conservare dinamice aditive, în sensul că sarcina unui sistem de particule este egală cu suma sarcinii particulelor componente şi legi de conservare dinamice multiplicative, acestea rezultând din invarianţa la transformări discrete de tipul P, T, C (legile de conservare a parităţii P, T, C, etc.) – la aceste legi, paritatea unui sistem format din mai multe particule este egală cu produsul parităţii particulelor. (Preluat din cartea – *"Fizică modernă şi filozofie"*, autor Tiberiu Toró, Editura Facla, Timişoara, 1973)

Notă

Este de semnalat şi următoarea ipoteză. Este posibil ca alături de celelalte legi de conservare să poată fi formulată şi legea de conservare a informaţiei. Această lege de conservare a informaţiei, are drept corespondent simetria denumită "acţiune şi reacţiune" (oricărei acţiuni îi corespunde simultan o reacţiune), iar transformarea este definită de legea acţiunii şi reacţiunii, cu alte cuvinte, oricărei forţe care acţionează asupra unui corp îi corespunde o forţă egală şi de sens contrar: $F = -R$. Aşadar, conservarea informaţiei este strict legată sau corelată cu legea acţiunii şi reacţiunii.

Într-adevăr, iată un exemplu simplu: pentru ca o informaţie să dispară – presupunând că nu ar fi valabilă conservarea informaţiei – este necesar să acţioneze o forţă care să distrugă informaţia; dar odată acţionând forţa respectivă, apare simultan şi o altă forţă, egală şi de sens contrar, care anulează de fapt forţa care ar distruge informaţia. AŞADAR INFORMAŢIA SE CONSERVĂ !...

Stabilitatea şi ordinea la nivel atomic şi molecular

▶ Atomul este o altă formaţiune stabilă. Este alcătuit din nucleu, prima formaţiune stabilă, şi electroni (înveliş electronic).

▶ Stabilitatea este realizată prin forţe electrostatice (electrice). Electronii se aranjează în straturi, substraturi şi orbitali.

Există mai multe tipuri de orbitali (s, p, d, f,...), mai multe feluri de substraturi, notate de asemenea s, p, d, f,... (cuprinzând câte 1, 3, 5, 7 orbitali).

Un strat este alcătuit din unul sau mai multe substraturi, fiecare de un anumit tip. Energia electronilor din diferite straturi creşte dinspre interiorul atomului spre exterior (K, L, M,...). La ocuparea cu electroni a orbitalilor sunt respectate regulile:

• electronii ocupă orbitalii liberi cu energia cea mai joasă;
• într-un orbital nu se pot afla decât cel mult doi electroni.

Structura învelişului electronic al unui element este numită configuraţie electronică.

Structurile de 2 electroni pe primul strat (K), respectiv 8 electroni pe ultimul strat, în general 2 ns2 (dublet, octet, etc.), corespund unor structuri stabile.

▶ Instabilitatea la acest nivel este datorată de faptul că atomii pot suferi procese de emisie radioactivă (cuante γ, până la radiaţii X moi), absorbţie radiativă, integrare în ansambluri (molecule), ionizare, disociere (dezintegrare atomică).

▶ Unirea atomilor în moleculă (sau reţele cristaline) corespunde unei mai mari stabilităţi; formarea moleculelor (sau a cristalelor) duce la eliberarea de energie.

▶ Existenţa atomilor liberi este de durată scurtă.

▶ Se numeşte legătură chimică legătura care se stabileşte între atomi de acelaşi fel sau diferiţi, pentru a se obţine structuri sau configuraţii stabile. Pot exista două mari tipuri:

• *legături interatomice*: ionice (electrovalente), covalente (nepolare, polare, coordinative), metalice;

• *legături intermoleculare* (sau *legături fizice*): punţi de hidrogen, Van der Waals, dipol permanent-dipol permanent, dipol permanent-dipol indus, forţe de dispersie.

▶ Prin intermediul legăturilor chimice se realizează stări stabile (solid, lichid, gaz, cristal lichid).

▶ Tot o stare stabilă este şi plasma, care însă nu se realizează prin intermediul legăturilor chimice sau fizice.

▶ Atomul funcţionează ca un convertizor: o creştere a energiei atomului se poate realiza printr-o multitudine de procese; în schimb revenirea atomului la starea iniţială se realizează de cele mai multe ori prin emisie de radiaţie electromagnetică.

NOTĂ

Se ştie că protonii şi neutronii, particule constitutive ale nucleului atomic (denumite din acest motiv şi nucleoni), posedă o structură "granulară", discontinuă. Energiile de legătură ale acestor entităţi subnucleonice (denumite de căre fizicianulR. Feynman, partoni), au valori uriaşe, de ordinul a 20 GeV. (1 GeV = 10 9 e V; 1 e V – electronvolt – este energia câştigată de un electron care străbate o diferenţă de potenţial acceleratoare de un volt, 1 eV = 1,602 x 10 – 19 J; J – Joule, unitatea de măsură pentru energie). Energia de legătură reprezintă energia desfacerii nucleului în nucleonii componenţi sau energia care se eliberează în formarea nucleului din nucleoni. Noţiunea de energie de legătură se poate generaliza însă şi pentru atomi şi molecule. Dacă atomii s-au legat covalent, prin punerea în comun a unor electroni periferici, energia de legătură (necesară desfacerii lor) este de ordinul 2 – 7 e V.

Dacă transferul electronilor între atomi este efectiv, legătura este de tip ionic, mai slabă decât cea covalentă: 0,1 – 5,2 e V. Asocierea unui număr uriaş de molecule (sau atomi) a dus, în sfârşit, la nivelul de organizare numit macroscopic, la mediile corporale planetare (în particular terestre), cu stările de agregare solidă, lichidă sau gazoasă. Pentru transformarea solid-lichid sau lichid-vapori este necesară o energie de ordinul 10 -2 eV / particulă. Succint "istoria" substanţei planetare se poate reprezenta deci în tabelul 9. (Dumitru Daba – *"Dialectica naturii şi gândirea teoretică modernă. Dialog asupra lumii fizice"*, Editura Facla, Timişoara, 1981).

Tabelul 9 Energia de legătură corespunzătoare nivelurilor structurale

Nivel structural	Energie de legtură (eV / particulă)
Mediu corporal	10^{-2}
Moleculă	10^{-1} - 7
Atom	$3,9 - 10^{3}$
Nucleu	8×10^{6}
Nucleon	2×10^{10}
Parton (quark)	$> 10^{10}$

Se observă că există o clară interdependenţă între energie şi structură (nivelul structural sau modalitatea de organizare); energia de legătură este invers proporţională cu nivelul structural (energia de legătură creşte în timp ce nivelul structural scade, de la mediul corporal la parton sau quark).

Stabilitatea şi ordinea la nivelul geosferelor

▶ Stabilitatea este relativ minimă la nivelul atmosferei şi hidrosferei şi este mai accentuată la nivelul litosferei, al astenosferei, după care este din nou relativ minimă la nivelul nucleului planetar. Biosfera (inclusiv antroposfera – sociosfera, tehnosfera – şi inclusiv organismele biologice, sociale, tehnice precum şi nivelul biomolecular), are o stabilitate deosebită, respectiv are o stabilitate funcţională, dinamică.

Stabilitatea şi ordinea la nivel planetar şi cosmic

▶ Stabilitatea şi ordinea se realizează datorită gravitaţiei. Atât planeta cât şi sistemele planetare, stelare, galactice sunt stabile datorită existenţei câmpului gravitaţional. Stelele sunt stabile şi datorită ciclurilor nucleare (proton-proton şi carbon-azot).

▶ Gravitaţia pare să aibă mai curând un caracter funcţional, ea generează structură şi ordine.

Stabilitatea unor procese

▶ *Procese electromagnetice. Regula lui Lenz.*

Tensiunea electromotoare indusă şi curentul indus au un astfel de sens, încât fluxul magnetic produs de curentul indus să se opună variației fuxului magnetic inductor. Variația fluxului magnetic ce străbate suprafața unui circuit închis, este cauza care produce curentul de inducție în circuit. Câmpul magnetic propriu al curentului de inducție este efectul variației fluxului magnetic inductor. Așadar, efectul se opune cauzei care l-a produs.

► *Principiul lui Le Chatelier (este o expresie a stabilității proceselor chimice sau mai bine zis a tendinței spre stabilitate a proceselor chimice).*

Dacă asupra unui sistem în echilibru se exercită o constrângere, echilibrul se deplasează în sensul în care constrângerea este micșorată. Spre exemplu dacă sistemul este încălzit, avansează reacția în care se consumă căldură, dacă el este comprimat avansează reacția prin care se micșorează presiunea, iar dacă se introduce o componentă în exces se produce reacția în care aceasta este consumată.

Alte expresii ale stabilității

► Inerția.

Inerția este proprietatea unui corp de a-și menține starea de repaus sau de mișcare rectilinie și uniformă în absența acțiunilor exterioare sau de a se opune (reacționa) la orice acțiune exterioară care caută să-i schimbe starea de mișcare.

► Entropia.

Legea creșterii entropiei reflectă faptul că un sistem izolat tinde spre starea de maximă probabilitate, adică spre stare de echilibru termodinamic (care este în general o formă de stabilitate).

► *Legile de conservare* (a masei, a energiei, a momentului cinetic, etc.) și *constantele fizice* reprezintă forme de stabilitate sau de tendință de stabilizare.

=> În general legile din orice domeniu și echilibrele (biologice, ecologice, sociale, tehnice, etc.) sunt forme de stabilitate.

NOTE

1. Toate constantele fizice, principiile și legile fizico-chimice, biologice, sociale, etc., sunt reprezentări ale conservării informației, energiei și substanței din Univers. Acestea au de asemenea un caracter invariant. Invarianța înseamă, precum se știe nemișcare, stabilitate, fixitate. În general, o serie de caracteristici, cum ar fi spre exemplu sarcina electrică, masa, spinul, constituie un grup de invarianți care atestă existența obiectivă a particulelor elementare.

2. Pe de altă parte mai este de remarcat o proprietate a sistemelor de a se structura omogen și armonios, interacțiunile și elementele componente ale acestora fiind distribuite proporțional și prezentând o regularitate pozițională și funcțională în raport cu un anumit centru de referință, proprietate numită simetrie. Dispoziția pozițională și funcțională simetrică a interacțiunilor și elementelor unui sistem se manifestă sincronic și diacronic.

Sub aspect sincronic, arhitectonica simetrică a unui complex sistemic constă într-o corespondență geometrică, de formă și poziție a elementelor acestuia, așezate spațial la aceași distanță față de axul de referință central (un punct, o dreaptă sau un plan). Sub aspect diacronic desfășurarea simetrică a unui complex sistemic se manifestă ca o corespondență între structura procesului de geneză și evoluție și structura procesului său de stabilitate și involuție. În acest sens, traiectoria procesului evolutiv prezintă o distribuție în timp și ca intensitate a evenimentelor, identică structural, asemănătoare (direct proporțional sau indirect proporțional) cu distribuția acestora în cadrul traiectoriei procesului involutiv. În contextul teoriei generale a sistemelor, simetria se poate afla în interiorul sistemului sau între sisteme; în primul caz avem de-a face cu identitatea de sine, în al doilea caz, cu conservarea de sine a structurilor.

Termenul de simetrie, este opus celui de asimetrie, care exprimă neomogenitatea strucurală a sistemelor, disproporționalitea și neregularitatea dispoziției pozițonale și funcționale a elementelor și interacțiunilor componente ale unui sistem. În general, în structurarea sistemelor (spre exemplu în cazul sistemelor complexe), relațiile simetrice se împletesc cu cele asimetrice.

Simetria deplină se poate întâlni numai în organizarea unor structuri logice, matematice, geometrice, în structuri fizice și chimice simple (spre exemplu în structura cristalină a unor minerale, în structura atomică și moleculară a unor elemente și compuși chimici stabili).

În procesele fizice și chimice complexe, în natura vie și în mișcarea socială, simetria structurii sistemelor este relativă. Raporturile dintre simetrie și asimetrie sunt similare și de același ordin cu acele raporturi dintre ordine și dezordine; astfel, simetria exprimă raporturi și structuri stabile, iar asimetria exprimă raporturi și structuri instabile; simetria este temei al constanței și conservării structurale, iar asimetria este temei al dezvoltării și progresului. (" Dicționar de filozofie", Editura Politică, București, 1978).

3. În cadrul mecanicii cuantice există anumite relații, numite relații de nedeterminare stabilite de către W. Heisenberg. Experiența a dovedit că pentru mișcarea obiectelor cuantice nu are sens noțiunea de traiectorie, aceste obiecte având o natură duală, corpusculară și ondulatorie concomitent; ca atare, obiectele cuantice nu posedă simultan o poziție și o viteză bine determinate; determinarea cu precizie a poziției este posibilă numai cu prețul unei complete nedeterminări a vitezei și invers.

Pe baza acestor relații de nedeterminare, în domeniul cuantic se manifestă un alt aspect și anume complementaritatea. Altfel spus, conform lui Niels Bohr, laturile contrarii nu sunt contradictorii și nu se exclud, ci sunt complementare. În continuarea acestei idei, se poate imagina că în conformitate cu ipoteza privind conservarea și echivalența generalizată, (prin care cantitățile de substanță, energie și informație se conservă și sunt echivalente una cu alta), toate procesele din Univers, care au loc sau care decurg în conformitate cu principiul conservării generalizate și a echivalenței generalizate, sunt complementare.

4. Precum se știe, există o permanentă transformare a energiilor. Exemple de transformări ale unei forme de energie în altă formă.

▶ Energia mecanică se transformă prin frecare în energie termică și invers, căldura (energia termică) se transformă parțial în energie mecanică (lucru mecanic).

▶ Energia chimică se transformă în energie termică (reacții chimice exoterme) și invers, energia termică se transformă în energie chimică.

▶ Energia chimică se transformă în energie electrică (reacții electrochimice, baterii) și invers, energia electrică se transformă în energie chimică (electroliza).

▶ Energia electromagnetică (în particular energia luminii) se transformă în energie chimică (fotosinteza) și invers, energia chimică se transformă în energie electromagnetică.

▶ Energia termică se transformă în energie electrică și invers, energia termică se transformă în energie electrică (efect termoelectric).

▶ Energia electrică se transformă în energie mecanică (motor electric) și invers, energia mecanică se transformă în energie electrică (dinam, inducția electromagnetică).

▶ Energia nucleară se transformă în energie termică (reacțiile de fisiune) şi invers, energia termică se transformă în energie nucleară...

5. Se mai impune o remarcă şi anume că în general, stabilitatea implică un anumit nivel persistent de informaţie, ceva care este stabil nu mai produce informaţie, ci conservă informaţia, pe de altă parte orice schimbare, orice variaţie, modifică sau transformă informaţia... Este un aspect care trebuie reţinut şi care este o caracteristică a acestei lumi – lumea este un amestec de stabilitate şi de variabilitate...

6. Ordinea şi stabilitatea se manifestă şi în cadrul raporturilor parte – întreg. Se deosebesc patru tipuri de raporturi, care alcătuiesc o serie ascendentă, în care legătura dintre părţi este din ce în ce mai strânsă. Acestea sunt: agregatul, colectivul, sistemul şi compusul.

- Agregatul – prin însumarea părţilor în spaţiu şi timp, întregul conservă acele însuşiri care sunt legate nemijlocit de aşezarea părţilor în spaţiu şi timp; acestea sunt proprietăţile de poziţie sau poziţionale; exemplu: dacă Europa este la nord de Africa, orice stat din Europa este la nord de Africa. Formează ordinea primară.

- Colectivul – în colectiv, părţile generează forma întregului; nu conţine proprietăţi care să se poată transfera părţilor; exemplu: pădurea este deasă, adunarea deliberează... Ordinea este mai complexă decât la agregat...

- Sistemul – acesta rezultă din îmbinarea funcţională a părţilor; fiecare parte realizează o funcţie diferenţiată, iar colaborarea lor internă face posibilă existenţa şi activitatea întregului; exemplu: dacă racheta s-a aşezat pe orbită, înseamnă că fiecare treaptă a rachetei, a funcţionat corect). Creşte complexitatea...

- Compusul – apare din contopirea părţilor; apar însuşiri noi, pe care elementele constitutive nu le posedau; exemplu: compuşii organici sunt compuşi ai carbonului, dar cu proprietăţi diferite de ale carbonului. Complexitate deosebită...

În cadrul celor patru tipuri de raporturi, stabilitatea este variabilă...

(Petre Botezatu – "Schiţă a unei logici naturale", Editura Ştiinţifică, Bucureşti, 1969, pag. 214-216)

8. DE CE EXISTĂ UNIVERSUL ?

1. Şi încă ceva, o simplă sugestie, o idee... Pot considera că dimensiunea zero (sau punctul) este O LUME ETERNĂ – nu este posibilă nici un fel de schimbare... Punctul rămâne punct şi atât... Apoi, dimensiunile: unu (dreapta), doi (planul), trei (volumul) sunt caracterizate printr-o schimbare simplă – se înţelege uşor aceasta, dacă ne gândim la toate aspectele geometrice şi mecanice implicate – formele geometrice şi mişcările mecanice arată aceasta... Dimensiunile menţionate sunt în general simple şi pot fi cunoscute de către fiinţele inteligente...

Dimensiunea a patra (sau spaţio-timpul) implică o schimbare complexă... Viteza schimbării (deplasarea în spaţiu, de exemplu) are ca limită maximă, viteza luminii în vid, de 300000 km/s... Dincolo de dimensiunea a patra (respectiv începând cu dimensiunea a cincea), schimbarea devine foarte complexă, iar posibilităţile de cunoaştere de către oameni (fiinţe cvadridimensionale) sunt foarte reduse (exceptând unele considerente matematice, insuficiente însă).

Viteza schimbării în cadrul dimensiunilor superioare (în speţă în cadrul dimensiunii cinci), este mult mai mare decât viteza luminii în vid. Este dificil ca fiinţele din dimensiunea a patra să poată determina viteze mai mari decât viteza luminii în vid, viteze care sunt specifice unor dimensiuni superioare !...

Referitor la trecerea de la o dimensiune la alta, trebuie să mai remarc următoarele aspecte: trecerea de la dimensiunea zero la dimensiunea unu, aşadar de la punct la dreaptă, se face printr-o acumulare de puncte, dar trecerea inversă se face printr-o intersecţie, apoi trecerea de la dreaptă (sau curbă) la plan se face prin mobilitatea dreptei (sau a curbei), iar trecerea inversă este o intersecţie de plane, apoi trecerea de la dimensiunea doi (planul sau suprafaţa) la dimensiunea trei (volumul) se face prin mobilitate (în particular prin rotaţie sau translaţie), iar trecerea inversă se face printr-o intersecţie, apoi trecerea de la dimensiunea trei (volumul) la dimensiunea patru (hipervolumul, spaţio-timpul) se face prin mobilitate, iar trecerea inversă se realizează prin intersecţie... În ceeea ce priveşte posibilităţile de cunoaştere a dimensiunilor, fiinţele cvadridimensionale (în particular oamenii) pot cunoaşte foarte bine dimensiunile inferioare sau egale cu dimensiunea a patra, dar va fi foarte dificil să cunoască dimensiunile superioare (exceptând poate unele consideraţii abstracte şi generale dar insuficiente totuşi)...

Ar mai fi de făcut o remarcă referitoare la <u>raportul dintre dimensiunile spaţiului şi complexitatea sistemelor</u>... Se poate observa că odată cu creşterea numărului dimensiunilor spaţiului, creşte şi complexitatea sistemelor dezvoltate în spaţiu.

Într-adevăr, este suficient să comparăm un sistem din spaţiul bidimensional (dintr-un plan) şi alt sistem dezvoltat într-un spaţiu tridimensional (dintr-un volum oarecare - cub, sferă, con, piramidă, etc.)... Diferenţa de complexitate dintre un sistem aflat într-un plan şi un sistem aflat într-un spaţiu tridimensional, este clară...

Putem conveni ca unitatea pentru complexitate să fie dreapta...

Pe de altă parte, este evident că haosul este opusul complexităţii şi poate fi definit oricum - nu are importanţă...

Dacă acceptăm aceasta, concluzia este că sistemele dezvoltate în spaţiul cu cinci dimensiuni sunt foarte complexe. Sistemele dezvoltate în spaţii cu dimensiuni mai mari (dimensiunea a şasea, a şaptea, etc.) sunt inimaginabil de complexe, iar cunoaşterea acestora de către fiinţele din dimensiunea a patra este practic, imposibilă !... Ca urmare ne vom mulţumi să cunoaştem numai ACEST UNIVERS DEFINIT PRINTR-UN SINGUR TIMP ŞI NU VOM ACCEPTA DECÂT FOARTE GREU IDEEA DE HIPERTIMP (considerat ca fiind, de fapt, dimensiunea a cincea a spaţiului (sau a UNIVERSULUI) !

Iată câteva consideraţii pe care, poate că, le voi dezvolta cândva...

Alte aspecte, sunt prezentate în cele ce urmează.

-> <u>UNIVERSUL CU PATRU DIMESIUNI</u> este rezultatul <u>intersecţiei unor UNIVERSURI CU CINCI DIMENSIUNI</u>...

Încercând să îmi explic de ce există acest UNIVERS, m-am gândit la următoarea posibilitate, ținând cont de faptul că, din moment ce există UNIVERSUL (indiferent că este finit sau infinit) atunci acesta a fost generat sau creat sau a apărut sau... oricum vrem să-i spunem, datorită unor CAUZE anumite...

Cred că UNIVERSUL NOSTRU este inclus într-o STRUCTURĂ SUPERIOARĂ (care l-a și generat, de altfel). Iată răspunsul pe care pot să îl dau la întrebarea: de ce există UNIVERSUL ?

Se pare că sunt mai multe etape în generarea UNIVERSULUI NOSTRU... Presupun că au fost două UNIVERSURI CU CINCI DIMENSIUNI, care au fost mai întâi tangente (ceea ce a corespuns cu momentul inițial, cunoscut sub denumirea de BIG BANG). Intersectarea continuă a UNIVERSURILOR CU CINCI DIMENSIUNI, ar corespunde de fapt cu EXPANSIUNEA UNIVERSULUI NOSTRU CU PATRU DIMENSIUNI (constată de altfel)... În continuare, presupun că se va ajunge la o intersectare maximă (și deci la o expansiune maximă); cu alte cuvinte, această intersectare maximă reprezintă o suprapunere a UNIVERSURILOR CU CINCI DIMENSIUNI și se poate ajunge la o stare staționară infinită (adică UNIVERSURILE CU CINCI DIMENSIUNI rămân suprapuse la nesfârșit) ceea ce ar corespunde cu faptul că UNIVERSUL NOSTRU poate avea o expansiune maximă, după care rămâne în această stare la infinit...

Dar mai există o posibilitate... Și anume, ca după suprapunerea UNIVERSURILOR CU CINCI DIMENSIUNI, să înceapă separarea acestora, adică intersectarea acestora să devină din ce în ce mai mică (ceea ce ar corespunde cu începerea unui proces de contracție a UNIVERSULUI NOSTRU)... În cele din urmă, UNIVERSURILE CU CINCI DIMENSIUNI devin din nou tangente și, fie rămân tangente la infinit (ceea ce ar corespunde cu un fel de BIG BANG nesfârșit), fie se separă (ceea ce ar corespunde cu disparișia Universului cu patru dimensiuni)... Sau poate că procesul se va repeta (adică UNIVERSURILE CU CINCI DIMESNIUNI devin din nou tangente, se intersectează din nou, ar apare din nou UNIVERSUL CU PATRU DIMENSIUNI...).

Este confuz sau complicat ?... La acest nivel de gândire, nu cred că poate exista o exprimare mai clară și mai simplă, din păcate... Cel mult aș putea să prezint o schemă care ar ajuta la înțelegerea acestei idei, (figura 16).

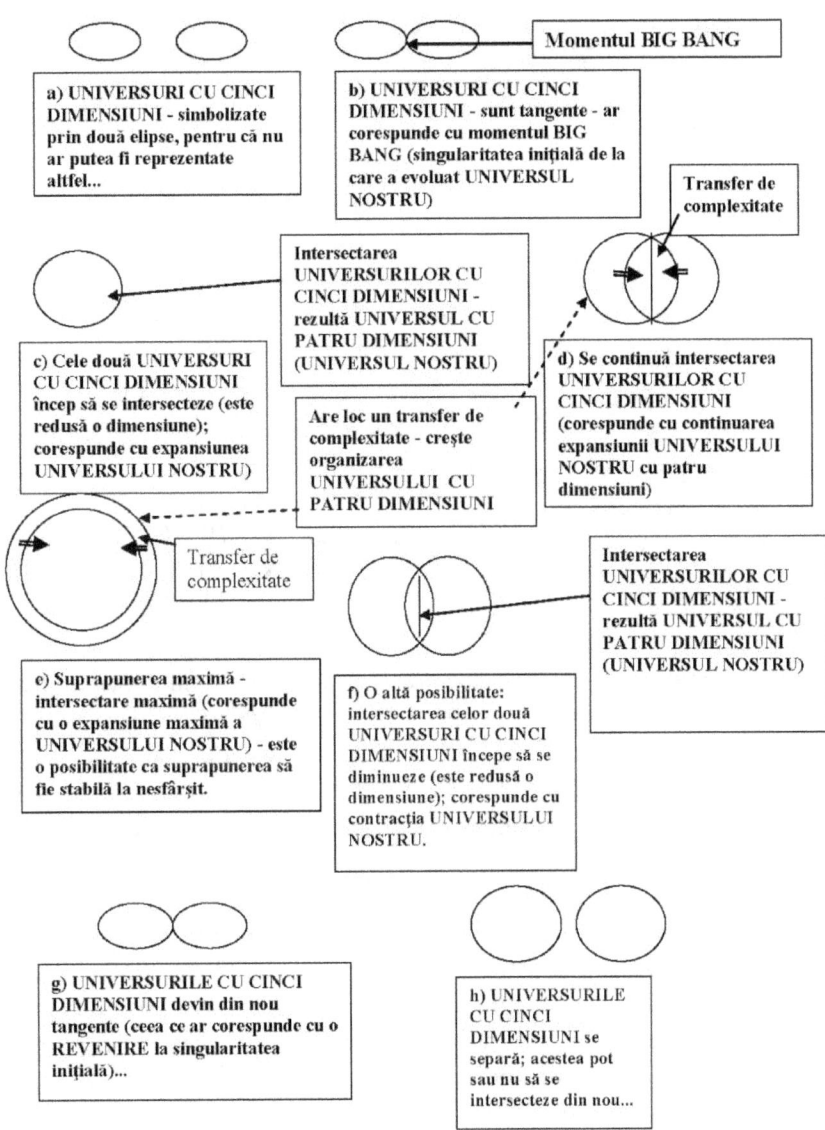

Figura 16 Reprezentare simbolică şi aproximativă a ipotezei "UNIVERSUL CU PATRU DIMENSIUNI ESTE REZULTATUL UNEI INTERSECTĂRI A UNIVERSURILOR CU CINCI DIMENSIUNI"

Aşadar, iniţial, UNIVERSURILE CU CINCI DIMENSIUNI, sunt tangente, adică sunt conectate printr-un punct (adimensional) - adică este TOCMAI SINGULARITATEA (respectiv MOMENTUL

BIG BANG) - care se presupune că nu are dimensiune !...
(A se vedea figura 17).

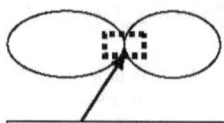

Momentul inițial - UNIVERSURILE CU CINCI DIMENSIUNI SUNT ÎN CONTACT (TANGENTE) - ÎNCEPE INTERSECTAREA. Contactul este adimensional și reprezintă SINGULARITATEA INIȚIALĂ, adică MOMENTUL BIG BANG !
(Ceea ce se presupune actualmente).

Figura 17 Momentul inițial - contactul dintre UNIVERSURILE CU CINCI DIMESNIUNI - poate fi considerat ca fiind MOMENTUL BIG BANG !

Desigur, aceasta este o ipoteză ca oricare alta... Unii ar spune că ar putea fi adevărată sau că poate fi falsă sau că este prea simplă... Dar, oricât de falsă ar putea fi, ei bine, conține și ceva adevărat...

Pentru că NU EXISTĂ ADEVĂR ABSOLUT, tot așa cum nu există un FALS ABSOLUT !... Consider că această ipoteză este întrucâtva adevărată !...

Dar mai este ceva... UNIVERSURILE CU CINCI DIMENSIUNI sunt mai complexe decât Universurile inferioare (cu patru dimensiuni, cu trei dimensiuni...); prin intersectarea Universurilor cu cinci dimensiuni a rezultat Universul cu patru dimensiuni, care este, în definitiv, un Univers mai simplu decât Universul cu cinci dimensiuni...

În acest context, nu pot să nu menționez, în treacăt, că există o teorie interesantă denumită " *Teoria universului ekpirotic*". Citez dintr-un articol intitulat chiar așa, " *Teoria universului ekpirotic*" :

" *Teoria* **universului ekpirotic** *își trage denumirea de la grecescul "ekpyrosis" (îmbrățișare, "ca un foc care se aprinde" n.n.) și este un model cosmologic propus în 2001, de către Neil Turok și Paul Steinhardt. Deși este o teorie recentă, aceasta pare a fi inspirată de concepția filozofilor stoici ai antichității, referitoare la "eterna reîntoarcere", un ciclu fără sfârșit de "îmbrățișări" ale universurilor, "îmbrățișări" urmate de o dezvoltare identică a* *noului univers. Mai simplu, conform teoriei universului ekpirotic, cosmosul este format dintr-o pereche de universuri tridimensionale, separate între ele, în dimensiunea a cincea, de o distanţă infimă (mai puţin decât diametrul unui atom). Sau, după alte descrieri aparţinând aceleiaşi teorii, un univers se defineşte ca un "obiect" numit "brane" (după cuvântul englezesc "membrane"), aruncat într-un spaţiu cu mai mult de patru dimensiuni. Fiecare punct din spaţiul nostru ar fi învecinat cu un punct din celălalt univers. În prezent, cele două universuri se îndepărtează încet unul de altul şi fiecare dintre ele se extinde rarefiindu-şi astfel conţinutul. În cele din urma, vor ajunge să fie doar un spaţiu gol în extindere. Când se va ajunge la această fază, o forţă similară cu un arc de cerc va reuni cele două universuri. În momentul în care acestea se vor ciocni, se va elibera o energie care se va transforma în materie, generând un nou Big Bang. Datorită efectelor cuantice, diferite părţi ale celor două universuri se ating una pe cealaltă, în momente puţin diferite, dând naştere unor "încreţituri" din care se vor forma ulterior galaxiile. Apoi universurile se vor respinge din nou reciproc, iar întregul proces se va repeta la nesfârşit."*

(http://destepti.ro/teoria-universului-ekpirotic, destepti.ro/teoria-universului-ekpirotic, 2014).

Pe de altă parte, după cum se pare, toate constantele fizice se sincronizează sau se potrivesc aşa de bine, încât definesc perfect UNIVERSUL NOSTRU !... Dacă aceste constante fizice (cum ar fi viteza luminii în vid, constanta gravitaţiei, constanta Planck, masa electronului, etc.) ar fi fost altele, UNIVERSUL NOSTRU ar fi arătat altfel, iar posibilitatea apariţiei vieţii ar fi fost exclusă... De ce este aşa ? Pentru că numai datorită intersectării unor UNIVERSURI CU CINCI DIMENSIUNI (care au o anumită complexitate) se poate ajunge la o astfel de valoare şi la o astfel de sincronizare a constantelor fizice !

(Această sincronizare a constantelor fizice se mai numeşte şi "principiul antropic") ...

Despre acest principiu, iată un citat - http://ro.wikipedia.org/wiki/Principiul_antropic :

<< *În fizică şi cosmologie, **principiul antropic** (din greacă anthropos - om) este un argument filosofic cum că observaţiile din Universul fizic trebuie să fie compatibile cu viaţa conştientă care le observă. Susţinătorii argumentului motivează că astfel se explică de ce Universul are exact vârsta şi constantele fizice fundamentale care fac posibilă apariţia şi găzduirea vieţii conştiente. Principiul a fost formulat în 1961 de către astronomul Robert Dicke (1916-1997), care s-a bazat pe unele lucrări ale fizicianului englez Paul Dirac:*

"Universul are proprietăţile pe care le are şi pe care omul le poate observa, deoarece, dacă ar fi avut alte proprietăţi, omul nu ar fi existat." >>

Mai trebuie să remarc un lucru - dacă se va constata că în UNIVERSUL NOSTRU, va creşte complexitatea inimaginabil de mult, aceasta ar semnifica faptul că UNIVERSURILE CU CINCI DIMENSIUNI, se suprapun tot mai mult, că s-a ajuns la limita expansiunii şi de aici urmează... fie că va rămâne aşa la infinit, fie că va începe declinul (începe contracţia Universului şi se va ajunge în cele din urmă la starea primordială, adică la singularitatea iniţială) - figura 18.

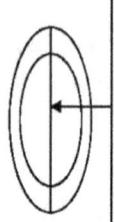

Maxima expansiune a UNIVERSULUI CU PATRU DIMENSIUNI - corespunde cu suprapunerea maximă a UNIVERSURILOR CU CINCI DIMENSIUNI... Ar avea ca urmare creşterea complexităţii în UNIVERSUL CU PATRU DIMENSIUNI - întrucât ar exista un transfer de complexitate... Complexitatea provine de la UNIVERSURILE care se suprapun...

Suprapunerea UNIVERSURILOR CU CINCI DIMENSIUNI se micşorează, ceea ce echivalează cu începerea unui proces de contracţie a UNIVERSULUI CU PATRU DIMENSIUNI, precum şi, concomitent, cu scăderea complexităţii acestuia; în cele din urmă, se ajunge la separarea totală a UNIVERSURILOR CU CINCI DIMENSIUNI şi la dispariţia UNIVERSULUI CU PATRU DIMENSIUNI...

Figura 18 Creşterea sau scăderea complexităţii în UNIVERSUL CU PATRU DIMENSIUNI, poate fi echivalată cu intersectarea UNIVERSURILOR CU CINCI DIMENSIUNI - are loc un transfer de complexitate; dacă intersectarea este maximă, va creşte complexitatea, dacă intersectarea este parţială sau minimă, complexitatea va scădea...

Se poate întreba cineva, hipnotizat de formulele matematice, de logica formală, de testarea experimentală: unde sunt formulele, ecuaţiile, observaţiile, experimentele care să probeze speculaţiile dumitale ?

Răspund astfel... Este bine de ştiut că UNIVERSUL şi ceea ce este DINCOLO DE UNIVERS, poate fi cunoscut nu numai prin ecuaţii sau prin testare experimentală... Sau altfel spus, la acest nivel de cunoaştere, este nevoie de o altfel de gândire, o altfel de matematică, o altfel de testare experimentală...

Nu se pot aplica aceleaşi scheme de calcul, aceleaşi metode experimentale ca acelea folosite în studiul Universului obişnuit...

Matematica actuală este caracterizată prin exactitate, dar nu trebuie uitat că unde este multă exactitate este şi multă eroare ! Este poate un paradox, dar... asta este ! Aşa încât, cine vrea să afle mai mult despre ceea ce este dincolo de ACEST UNIVERS, poate că ar fi bine să gândească liber, să gândească dincolo de constrângerile impuse de o gândire limitată de formulele matematicii actuale... În fond, sunt sigur că matematica va evolua foarte mult !...

Democrit, când afirmase că lumea este constituită din atomi, nu a putut nici să demonstreze aceasta prin formule matematice, nici prin experimente...

Pentru a demonstra această idee, a fost nevoie să se dezvolte atât matematica - o matematică de neimaginat pe vremea lui, cât şi tehnicile experimentale - o tehnică experimentală de asemenea de neimaginat în vremea în care a trăit... Peste două mii de ani, matematica de atunci va fi incomparabil mai dezvoltată decât matematica actuală, metodele experimentale vor fi mult mai complexe decât sunt cele de azi...

Aşa încât, la diverse critici ale unor indivizi (indivizi care nu alt scop în viaţă decât să critice orice încercare a unora de a le tulbura viziunea lor despre viaţă şi Univers, viziune de cele mai multe ori, învechită şi prăfuită), şi care îmi pot spune că nu am prezentat tot felul de formule matematice sau tot felul de metode experimentale care să justifice afirmaţiile mele, nu pot să spun decât că, deocamdată nu dispun nici de formalismul matematic adecvat şi nici de metodele experimentale corespunzătoare... Dacă nu vor să ia în considerare ipotezele expuse, nu au decât...

În acest context, revenind la principiul antropic, acesta a mai fost definit astfel:

" *În fizică şi cosmologie principiul antropic susţine că ar trebui să ţinem cont de restricţiile impuse de existenţa noastră ca observatori ai tipului de univers pe care îl putem studia.*"

Unii au obiectat astfel:

"*Principiul antropic a dus la multă confuzie şi controverse, parţial din cauză că mai multe idei distincte poartă aceeaşi denumire. Toate versiunile principiului au fost acuzate că furnizează explicaţii simpliste care subminează căutarea unei înţelegeri fizice mai adânci a universului. Invocarea fie a universurilor multiple sau a unui creator inteligent sunt foarte controversate şi ambele idei au fost criticate ca fiind de netestat şi de aceea în discordanţă cu ştiinţa contemporană.*"

(http://old.intrebare.ro/Principiul_antropic.html)

Oare cine au fost criticii ? Nu cumva acei care cred că știința actuală, metodele actuale de investigație, concepțiile actuale, vor arăta veșnic la fel cum sunt acum ?...

Ei bine, ceea ce va fi peste, să zicem, două mii de ani, va fi mult diferit de ceea ce știu acum acești indivizi limitați, iar concepțiile lor vor fi de-a dreptul ridicole !...

De unde știu asta ? Ei bine, oricine studiază istoria științei, va ști !...

Cum ar reacționa aceștia, dacă ar afla că teleportarea, va fi ceva obișnuit ?...

(Teleportarea este un proces de deplasare a unui obiect dintr-un loc în altul, mai mult sau mai puțin instantaneu, fără ca obiectul să parcurgă spațiul dintre cele două poziții. Teoretic au fost inventate mai multe metode de teleportare (teleportare cu găuri în spațiu-timp, gaură de vierme), dar experimental au fost confirmate numai teleportarea cuantică și psihică.) (http://ro.wikipedia.org/wiki/Teleportare.)

Chiar mai mult, cum ar recționa dacă ar afla că și teleportarea temporală (adică deplasarea în timp a unui individ), ar fi ceva banal ?...

Ei bine, probabil că ar râde și s-ar întoarce la viața lor cenușie, la viața lor efemeră și plină de certitudini... Și vor dormi fericiți... Ei bine, vorba poetului, somnoroase păsărele, pe la cuiburi se adună, noapte bună...

► Despre percepția și cunoașterea Universului... Ar fi util să se studieze modul cum au evoluat concepțiile despre Univers, dar și mai interesant ar fi dacă s-ar putea face o prognoză privind modalitățile de evoluție a cunoștințelor despre Univers, (respectiv, o prognoză referitoare concepția despre Univers a oamenilor, peste, să zicem, trei mii de ani...

În figura 25 am încercat să sugerez câteva aspecte privind percepția și cunoașterea Universului...

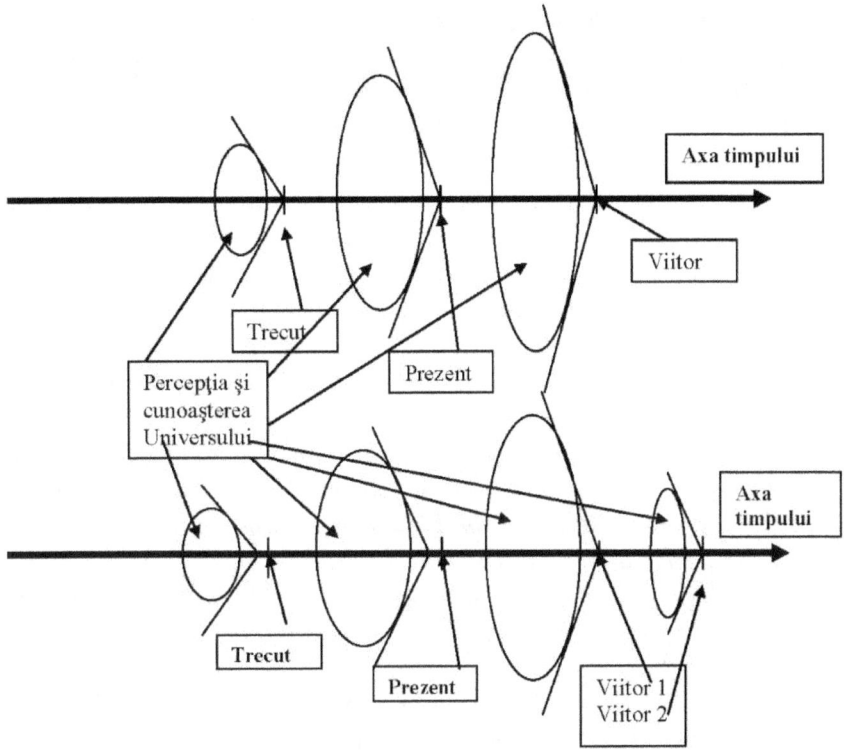

Dezvoltarea percepției și a cunoașterii UNIVERSULUI *odată cu trecerea timpului. Există posibilitatea ca percepția și cunoașterea să fie ascendentă - percepția și cunoașterea Universului din trecut să fie mai redusă, apoi percepția și cunoașterea Universului dintr-un anumit prezent să fie mai amplă, iar percepția și cunoașterea Universului dintr-un anumit viitor să fie mult mai amplă... Oamenii din trecut sau dintr-un anumit prezent, nu vor putea înțelege nimic din imaginea Universului dezvoltată... cândva într-un anumit viitor... Dar se poate întâmpla ca într-un alt viitor Universul să nu mai poată fi perceput la fel de amplu, să se piardă cunoștințe, tehnici și metode de observație, metode de calcul, etc. Cine poate răspunde* ACUM *la următoarele întrebări fundamentale: Cum va arăta* IMAGINEA UNIVERSULUI *peste un milion de ani ? Cunoașterea va evolua, va stagna sau va involua ?*

În definitiv, cum se obțin cunoștințele noi și cum se pierd cunoștințele vechi ?

Figura 25 Aspecte privind percepția și cunoașterea Universului...

Notă

Nu pot să nu redau aici, în acest context, un scurt fragment dintr-o carte foarte rară: „*Curs elementar de Istorie Naturale, uvragiu complect, pentru classele superiore din lycee si seminare*" de D. Ananescu, Tom I, Geologie, Bucuresci, Typografia Statului Hotel Serban-Vodă, 1871.

„*Pământul a fost la început o masă incandescentă (înfocată), fără formă, compusă din materii fluide eterogene, amestecate ca un chaos și apoi cu încetul, prin puterea attracțiunii generale si a forței centrifuge, a luat forma sferoidală ce păstrează și acum. În timpul acestei perioade de căldură îngrozitoare, ce se manifestă și astăzi prin înălțarea temperaturei, cu cât pătrundem mai mult în profunditatea pământului, prin apele calde, prin gazele inflamabile și materiile vulcanice atmosfera avea atunci un volum considerabil, și prin urmare exista o enormă presiune ce se suposă – (presupune) – că ar fi fost de cincizeci de ori mai puternică decât cea de astădi. Astfel asvârlit în spațiu, prin intervenția unei voințe Supreme, acest glob înflăcărat a trebuit să se supună legilor radiamentului căldurei: se pierde gradat o parte din căldura sa primitivă, spre a o distribui la toate corpurile planetare respândite în immensitatea spațiului. Fără îndoială, că în virtutea acestei răciri neîncetate, suprafacia globului a trecut pucin câte pucin în stare solidă, și astfel a format o peliță subțire, care a despărțit massa incandescentă internă de atmosfera încongiurătoare, și asta coaje primitivă, a trebuit apoi în decursul secolilor, să se îngroșe de sus în jos prin răcire, și de jos în sus prin depositele apelor.*" ... (Pag. 158, 159)

Așadar, cam aceasta era viziunea oamenilor de știință, în anul 1871 – sau cel puțin a unora dintre ei – despre geneza Pământului... De atunci și până astăzi, viziunea aceasta s-a schimbat – și este foarte posibil să se schimbe în viitor, la fel ca și viziunea despre Univers... Este un exemplu referitor la relativitatea cunoașterii...

-> O remarcă referitoare la percepția și conceperea Universului de către ființele bidimensionale...

Să considerăm două lumi bidimensionale, incluse într-o lume tridimensională, dar care nu sunt în contact. Ființele din cele două lumi bidimensionale, nu vor ști unele de altele și nu vor percepe lumea tridimensională (aș putea spune că ființele bidimensionale sunt separate prin cea de-a treia dimensiunea)... Dar dacă lumile bidimensionale ajung la un moment dat să fie în contact, atunci acest contact poate fi un contact punctual (adimensional), poate fi un contact unidimensional sau chiar, poate fi un contact bidimensional. În aceste cazuri, poate exista un fel de interacțiune, de relație între ființele bidimensionale... În urma acestor interacțiuni, deși lumea tridimensională, nu este percepută, poate să fie eventual concepută, totuşi de către fiinţele bidimensionale ! A treia dimensiune poate fi considerată ca fiind un fel de TIMP pentru lumea bidimensională ! (A se vedea figura 26).

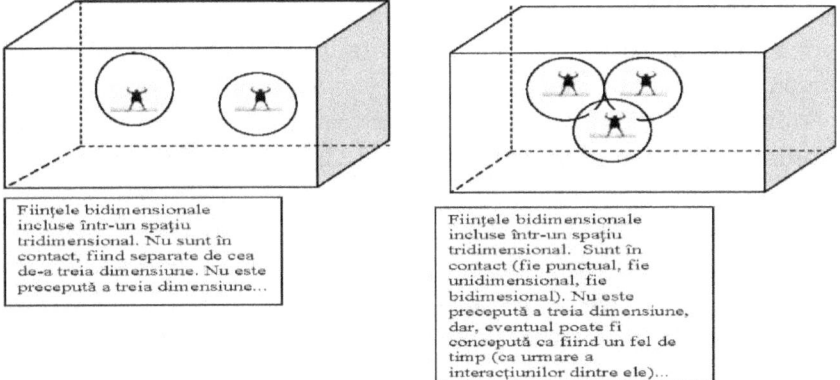

Figura 26 Fiinţele bidimensionale incluse într-un spaţiu tridimensional

În cazul fiinţelor tridimensionale incluse într-un spaţiu cu patru dimensiuni, ca şi în cazul fiinţelor cvadridimensionale incluse într-un spaţiu (sau UNIVERS) cu cinci dimensiuni, situaţia este asemănătoare.

Notă

Poate că nu ar fi lipsit de interes, să ne întrebăm: ar fi posibile călătorii (sau cel puţin scurte explorări) – spontane sau stimulate sau aranjate – fie în Universuri Alternative, fie în Universuri Paralele, fie în Universuri cu alte dimensiuni ? Sunt unii vizionari, unii cercetători care au răspuns afirmativ la această întrebare...

Problema călătoriilor în alte Universuri este fascinantă şi a fost abordată de către unii scriitori şi de către unii cercetători. Călătoriile acestea se pot clasifica astfel: călătorii în Universuri Alternative, călătorii în Universuri Paralele şi călătorii în Universuri cu diferite dimensiuni... Călătoriile în Universuri cu diferite dimensiuni, nu pot avea loc decât unilateral – numai dinspre dimensiunile superioare către dimensiunile inferioare, nu şi invers... Spre exemplu o fiinţă din dimensiunea a patra nu va putea face o călătorie în dimensiunea a cincea sau a şasea deoarece dimensiunile acestea sunt mult mai complexe decât dimensiunea a patra din care face parte fiinţa respectivă – pentru acea fiinţă aşadar astfel de dimeniuni sunt interzise... Cu toate acestea, cred că pot explora, în treacăt, astfel de dimensiuni, dar nu pot rămâne acolo... Fiinţele din dimensiunea a patra, pot efectua călătorii – sau pot comunica, într-un anumit fel, cu alte fiinţe, din Universuri Alternative sau Universuri Paralele, dar care au dimensiuni egale sau inferioare... Aceste călătorii sau comunicări, pot avea loc accidental sau spontan, stimulat sau forţat, ori indus – cu implicarea unor tehnologii avansate...

Mi se pare interesant, în acest sens, un citat din cartea doamnei Rodica Bretin – „*Dosarele imposibilului*", Editura cartea de buzunar, Bucureşti, 2005, pag. 38:

„*Ce se află după ultima frontieră a lumii noastre ? O infinitate de universuri care coexistă în continuumul spaţiu-timp, evoluând separat dar cu aleatorii puncte de tangenţă ? Şi ce se întâmplă cu aceia nimeriţi în Necunoscut, cei pentru care Ultima frontieră devine zidul impenetrabil al unei închisori de unde nu mai există scăpare ?*"

CONCLUZII

• În principiu, substanţa (masa), energia şi informaţia pot fi definite în felul următor...

=> Noţiunea de **substanţă (masă)** – semnifică, în general, "*ceea ce are consistenţă*", "*ceea ce poate interacţiona*".

=> Noţiunea de **energie** – semnifică, în general, "ceea ce produce acţiune" şi în acelaşi timp, "*ceea ce susţine o anumită stabilitate*".

=> Noţiunea de **informaţie** – semnifică la modul cel mai general, "*ceea ce generează o anumită ordine sau o anumită structură şi susţine o anumită evoluţie*".

Pentru orice sistem şi în orice proces cantităţile de energie, de masă (substanţă) şi informaţie sunt constante,

$$\{ \Sigma E_j, \Sigma S_j, \Sigma I_j \} = \text{constant}$$

• Conservarea generalizată implică echivalenţa generalizată, care poate fi formulată succint astfel: *cantităţile de substanţă, de energie, de informaţie sunt echivalente*. Substanţa, energia şi informaţia se pot transforma reciproc în anumite condiţii. Cea mai cunoscută echivalenţă este aceea dintre masă sau substanţă şi energie (unei anumite cantităţi de substanţă îi corespunde o cantitate de energie). Energia şi masa (în general) reprezintă suporturi pentru informaţie şi deci dacă sunt echivalente ar fi posibil să existe şi o echivalenţă pentru informaţie. Se poate imagina că există şi ale echivalenţe, cum ar fi echivalenţele dintre informaţie şi energie sau dintre informaţie şi masă sau substanţă (spre exemplu, generarea unei anumite informaţii se poate face numai prin consumul unei anumite cantități de energie SAU oricărei variații a informației îi corespunde o variație a energiei și invers). Chiar mai mult, se poate imagina și o echivalență dintre intervalele spațio-temporale și substanță, energie și informație.

• Există nu numai alte spații (spații cu dimensiune naturală, spații transdimensionale, spații cu dimensiune negativă, spații cu dimensiune complexă), dar există și alte timpuri (timpuri potențiale, cu mai mult de trei domenii – trecut, prezent și viitor), dar și alte atribute – numite și entități generalizate. Este foarte dificil de a transpune în limbajul obișnuit aceste noi aspecte ale existenței, ceea ce are ca urmare necesitatea unui efort de abstractizare, de imaginație și de intuiție...

• Noțiunile de "HIPERSTRUCTURĂ" și de "MARELE UNIVERS" sunt necesare pentru a explica, pentru a înțelege existența și originea Universului. Dacă se admite că Universul este integrat într-o structură superioară (numită "HIPERSTRUCTURĂ"), care include și alte Universuri (și care împreună formează "MARELE UNIVERS"), atunci se poate înțelege de ce există Universul și care este originea acestuia. Cunoașterea "Hiperstructurii", cunoașterea "Marelui Univers", rămâne o problemă deschisă...

• Stabilitatea Universului este datorată după toate probabilitățile faptului că, pe de o parte, acesta este integrat într-o structură extrem de complexă numită HIPERSTRUCTURĂ, iar pe de altă parte, această stabilitate este datorată conservarii generalizate (substanța, energia și informația Universului este constantă și se transformă, prin urmare nu poate exista o schimbare sau o instabilitate permanentă sau instantanee, ci există stări de repaus, de echilibru, de stabilitate). Rămâne de clarificat, pe de altă parte, cum și de ce se realizează această integrare a Universului în HIPERSTRUCTURĂ...

• Există cataclisme cosmice (neregulate), datorită interacțiunii cu alte componente ale Hiperstructurii.

• Se mai poate imagina și alte tipuri de nedeterminări, spre exemplu nedeterminarea informație – timp, (ca o formă de nedeterminare cu anumite implicații). Una dintre implicațiile majore ale acestui tip de nedeterminare este că la intervale de timp extrem de mici, corespund cantități de informație extrem de mari și invers. Când intervalul de timp tinde spre infinit, informația tinde la zero, sau altfel spus, eternitatea nu poate fi cunoscută, structurile nu pot exista o veșnicie...

• Se poate presupune că Universul este înglobat într-un ansamblu complex. Pe de altă parte, dacă vom încerca să cunoaștem acest ansamblu (caracterizat printr-o structură complexă, numită de aceea și hiperstructură), vom fi limitați de trei bariere: bariera gândirii (principiile logice ale gândirii, posibilitățile matematice și algoritmii de calcul, precum și posibilitățile lingvistice de exprimare); bariera experimentală (tehnologia și metodele actuale de observație și experiment precum și de prelucrare a datelor); bariera istorică și socială (concepția despre Univers, prejudecățile și dogmele acceptate la un moment dat de civilizația umană).

Pentru a depăși aceste bariere, este necesar să se formeze o altă gândire și să se elaboreze o altă tehnologie, precum și să se renunțe la prejudecăți și dogme. Dar asta nu poate fi posibil prea curând...

• Universul va evolua în sensul generării de elemente chimice supergrele – și respectiv de nuclee supergrele, către o nouă zonă de stabilitate nucleară (a elementelor chimice supergrele); va exista o perioadă de tranziție, de echilibru: elementele chimice ușoare stabile, vor genera elemente chimice supergrele de mare stabilitate...

Structura cosmosului va fi alta, Universul va arăta altfel, viața însăși va fi alta...

• Se poate considera existența unui Creator pentru un Univers, simultan cu existența Hiperuniversului (sau a Hiperstucturii), care include așadar Creatorul și Universul creat.

• Concepțiile despre Univers s-au schimbat radical în decurs de 2000 de ani... Într-un anumit fel concepeau Universul oamenii din antichitate și altfel îl înțeleg oamenii de acum. Este de așteptat ca peste 3000 de ani, concepția despre Univers să fie cu totul alta decât este acum, în secolul XXI... Cine va trăi atunci, va ști asta...

• Stabilitatea determină ordinea și invers ordinea determină stabilitatea sau altfel spus, între stabilitate și ordine există o proporționalitate directă. Acolo unde există stabilitate există și ordine și invers, unde există ordine, există și stabilitate. Uneori, pentru realizarea stabilității sistemului, acesta se complexifică (altfel spus, devine complex) – rezultând o stabilitate funcțională (dinamică). La fel, există o proporționalitate directă între instabilitate și dezordine (haos). Dar trebuie să se deosebească instabilitatea haotică, de instabilitatea funcțională.

Pe de altă parte, instabilitatea funcțională a unui nivel inferior poate determina stabilitatea nivelului superior (de exemplu instabilitatea celulelor unui organism duce la stabilitatea organismului, care este - sau reprezintă - un nivel superior).

De asemeni trebuie făcută distincție între stabilitatea statică (de genul " nemișcare ") de stabilitatea dinamică (de exemplu de funcționarea continuă, stabilă a unui motor).

Atât stabilitatea extremă cât și instabilitatea extremă sunt imposibil de realizat în acest Univers...

• În Univers există o cantitate finită de substanță, energie, informație. Producția de informație a Universului este strict determinată de procesele energetice și de cantitățile de substanță disponibile (și invers).

Creșterea informației se face pe seama energiei ȘI/SAU a substanței și invers...

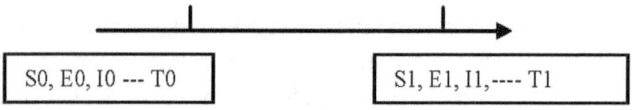

S0, E0, I0 – cantitățile de substanță, energie și informație la momentul T1

S1, E1, I1 – cantitățile de substanță, energie și informație la momentul T2

Cantitățile de substanță, energie, informație se pot modifica în decursul timpului, dar acestea sunt interdependente.

Spre exemplu, creșterea unei biocenoze (care este în esență o formă de organizare, deci conține o cantitate de informație) nu este posibilă decât în condițiile existenței unei surse de nergie și de materie; în lipsa acesteia creșterea nu este posibilă...

Dacă are loc o anumită generare de informație, aceasta se face pe seama uneor enrgii consumate sau a unor substanțe consumate; informația poate fi transormată apoi în energie și/sau substanță echivalentă. Nu este posibilă crearea informației decât în limita enetgiei și sau a substanței disponibile la un moment dat în Univers.

• În altă ordine de idei, legat de astă dată de trecerea de la ordine la dezordine, sau altfel spus legat de creșterea entropiei, s-ar putea bănui că din moment ce entropia crește, (altfel spus că dezordinea crește), cândva Universul ar fi fost foarte ordonat și că la un moment dat această ordine a început să scadă !... S-ar putea bănui că ordinea „singularității", sau a „atomului primordial" de la care a început evoluția Universului, era foarte mare, (așadar informația era concentrată în această singularitate), apoi, după ce a avut loc evenimentul denumit BIG BANG, ordinea a început să scadă, sau altfel spus, entropia a început să crească în ansamblu (deşi au fost şi sunt şi fluctuaţii locale ale entropiei, în sensul că în unele locuri din Univers, entropia scade, dar în altele creşte accentuat)...

Dar mai pot fi posibile şi influenţe ale Universului cvintadimensional (cu cinci dimensiuni) – acesta fiind mult mai complex decât Universul cuadridimensional... Poate exista un aşa-numit transfer de complexitate din Universul cvintadimensional în Universul cuadridimensional, caz în care entropia poate să scadă în anumite regiuni ale acestuia...

Deşi este greu de înţeles, cum ar fi posibil acest lucru, totuşi se pare că se întâmplă chiar aşa, în ciuda faptului că... nu se ştie cum are loc...

*

• Concepţiile despre Univers s-au schimbat radical în decurs de 3000 de ani... Într-un anumit fel concepeau Universul oamenii din antichitate şi altfel îl înţeleg oamenii de acum. Este de aşteptat ca peste 3000 de ani, concepţia despre Univers să fie cu totul alta decât este acum, în secolul XXI... Cine va trăi atunci, va şti asta...

• În definitiv, complexitatea Universului este corelată, într-un fel, cu limitele inteligenţei... Cu cât inteligenţa este mai mare, cu atât Universul pare să fie mai complex şi respectiv, cu cât inteligenţa este mai redusă, mai rudimentară, cu atât Universul pare să fie mai simplu... Nu este însă mai puţin adevărat că sunt şi cazuri în care o inteligenţă sclipitoare poate să perceapă şi să conceapă un univers complex dar şi un univers simplu, însă o inteligenţă modestă nu va putea niciodată să conceapă un univers complex... Dar chiar şi o inteligenţă deosebită este limitată şi nu va putea să conceapă întreg UNIVERSUL COMPLEX, din simplul motiv că, în definitiv, orice inteligenţă este rezultatul EVOLUŢIEI UNIVERSULUI, orice inteligenţă este INCLUSĂ ÎN UNIVERS, aşa încât aceasta nu va putea niciodată cuprinde COMPLEXITATEA UNIVERSULUI, în ansablu... În ultimă instanţă, ESTE O DEPENDENŢĂ RECIPROCĂ ŞI O INTERACŢIUNE ÎNTRE OBIECTUL DE CUNOSCUT (UNIVERSUL ÎN ACEST CAZ) ŞI SUBIECTUL CUNOSCĂTOR (INDIVIDUL CONŞTIENT)...

Leopardi, scria, foarte inspirat...

" Tu dai dovadă că n-ai luat aminte că viaţa acestui Univers este un circuit

neîntrerupt de plămădire şi distrugere a lui, legate amândouă între ele astfel încât fiecare îi este neîncetat de folos celuilalt, şi la păstrarea lumii; iar dacă ar înceta vreodată una sau alta din ele, lumea, la fel, ar ajunge să se prăpădească."

DIVERSITATEA EXISTENŢEI - REFLECŢII FINALE

IPOTEZĂ ŞI CERCETARE

Ipoteza este o presupunere enunţată pe baza unor fapte cunoscute cu privire la fenomene (sau legături între fenomene) care nu pot fi observate direct sau cu privire la esenţa fenomenelor, la cauza sau mecanismul intern care le produce (DEX – Dicţionarul Explicativ). Aşadar ipoteza este o presupunere cu caracter provizoriu, formulată pe baza datelor experimentale existente la un moment dat sau pe baza intuiţiei, impresiei...

Sinonime – presupunere, prezumţie, supoziţie...

În matematică, ipoteza înseamnă ansamblul proprietăţilor date într-o demonstraţie şi cu ajutorul cărora se obţin noi propoziţii.

Geneza ipotezei – sunt câteva etape sau faze definitorii în cadrul formulării unei ipoteze:

a) existenţa unei situaţii neelucidate (existenţa unui mister);

b) formularea unor întrebări adecvate, explicite au implicite (altfel spus, existenţa unei nedumeriri, a unei îndoieli);

c) încercarea de a formula o explicaţie.

Succint: Întrebare / nedumerire → Răspuns / Explicaţie → Ipoteză

Ipoteza reprezintă o parte a activităţii de cercetare.

Prin definiţie, actvitatea de cercetare se referă la producerea de noi cunoştinţe, care pot fi noi, numai dacă sunt recunoscute ca atare de către o societate oarecare (o anumită comunitate a savanţilor – a fizicienilor, a matmaticienilor, a chimiștilor, a geografilor, a filozofilor, etc.); în caz contrar, nu poate fi vorba de activitate de cercetare, ci de documentare. (Wikipedia / www. Wikipedia.org / cercetare).

Este de făcut însă o remarcă și anume că, de fapt, cunoașterea rezultată în urma activității de cercetare, poate fi considerată ca fiind nouă chiar dacă nu este recunoscută de o comunitate a savanților, aceasta fiind rezultatul studiilor unor cercetători solitari, dar pasionați de știință, de filozofie, de cunoaștere, în general...

Pe de altă parte, există, în acest context, un anumit risc atunci când este formulată o ipoteză. *Riscul de ipoteză* reprezintă un raport, pe de o parte între inteligibilitate sau comprehensibilitate (ipoteza trebuie înțeleasă) și pe de altă parte, acceptabilitate (o ipoteză trebuie să fie acceptată într-o anumită măsură de către un anumit grup de oameni) și stranietate (ipoteza trebuie să conțină ceva nou și pe cât posibil frapant, care să intereseze, să genereze alte posibilități, alte modalități de interpretare a unor fapte, a unor fenomene sau a realității însăși). O ipoteză implică întotdeauna un risic pentru cel sau pentru cei care o formulează, deoarece conduce, în cazul cel mai nefericit, la discreditarea autorului sau autorilor, dacă ipoteza se va dovedi falsă, prea stranie sau dimpotrivă, prea puțin interesantă, ori este neinteligibilă sau, în sfârșit, este prea puțin accesibilă... Mai este de subliniat și faptul că multe ipoteze sunt convenționale, atunci când derivă nemijlocit în cadrul unor teorii, altele sunt ipoteze non-convenționale, atunci când, dimpotrivă, nu derivă în cadrul teoriilor. Ipotezele non-convenționale au inevitabil deficiențe și limite, dar deschid în același timp noi posibilități de cunoaștere a realității...

Ar mai fi de notat câteva aspecte legate de raportul dintre cercetare și emoție...

Atunci când cercetezi ceva anumit, un individ poate avea diverse emoții, sentimente sau trăiri, printre care se pot enumera: curiozitate și teama de necunoscut; confuzie și incertitudine; dezorientare și deprimare; speranță, încredere în sine sau resemnare; satisfacția de a cunoaște sau amărăciunea eșecului...

Toate aceste emoții, sentimente sau trăiri le au toți cei care cercetează, toți cei care îndrăznesc să formuleze diverse ipoteze...

Oricum, totuși, este mai bine să încerci să faci ceva, să afli ceva, decât să nu faci nimic, decât să fi la fel de lipsit de cunoștințe ca atunci când ai început să cercetezi...

DESPRE CONSTANTELE FIZICE

În știință, o constantă fizică este o <u>mărime fizică</u> a cărei valoare numerică este fixă. Spre exemplu:

* **Constantă >>> Simbol >>> U.M. >>> Valoare cf. CODATA 2006 >>> Valoare cf. STAS 2848-89**
* viteza luminii în vid >>> c >>> $m \cdot s^{-1}$ >>> 299 792 458 (prin def.) >>> 299 792 458 (prin def.)
* constanta gravitațională >>> G >>> $m^3 \cdot kg^{-1} \cdot s^{-2}$ >>> 6,674 28(67)×10^{-11} >>> 6,672 59(85)×10^{-11}
* constanta lui Planck >>> $\hbar$ >>> $J \cdot s$ >>> 6,626 068 76(52)×10^{-34} >>> 6,626 075 5(40)×10^{-34}
* masa lui Planck >>> $m_P = (\hbar c/G)^{1/2}$ >>> kg >>> 2,176 44(11)×10^{-8} >>> 2,176 71(14)×10^{-8}
* lungimea lui Planck >>> $l_P = (\hbar G/c^3)^{1/2}$ >>> m >>> 1,616 252(81)×10^{-35} >>> 1,616 05(10)×10^{-35}
* timpul lui Planck >>> $t_P = (\hbar G/c^5)^{1/2}$ >>> s >>> 5,391 24(27)×10^{-44} >>> 5,390 56(34)×10^{-44}
* sarcina elementară >>> e >>> C >>> 1,602 176 487(40)×10^{-19} >>> 1,602 177 33(49)×10^{-19}

(http://ro.wikipedia.org/wiki/Constant%C4%83_fizic%C4%83)

Valorile constantelor fizice s-au modificat de fapt (foarte mult) în decursul timpului. Ce implicații ar avea aceasta ? Una din dintre posibilele implicații ar fi aceea că, în trecutul Universului, după evenimentul BIG BANG, structurile cosmice generate ar fi fost altele !... Cândva, după ce a avut loc "MAREA EXPLOZIE", după ce a apărut UNIVERSUL, ar fi putut ca, spre exemplu, viteza particulelor elementare să fie mai mare decât viteza luminii în vid, cu alte cuvinte, ar fi putut exista TAHIONI, adică particule care să se deplaseze cu viteze mai mari decât viteza luminii în vid ! (După cum se știe, ACUM viteza luminii în vid este viteza maximă de deplasare a particulelor în Univers).

De asemenea, ATUNCI, la începutul Universului, ar fi putut să existe o gravitație cu mult mai mare decât este ACUM, ar fi putut să existe sisteme mult mai complexe decât sistemele actuale... În general, constantele fizice ar fi putut avea valori mai mari decât acelea pe care le au actualmente... Altfel spus, constantele fizice, nu sunt de fapt...

constante, valoarea lor numerică nu este absolut fixă, ci variază și ele, însă, este drept, variază inimaginabil de lent... Ar putea exista o legătură între expansiunea Universului și constantele fizice, în sensul că totuși, constantele fizice se modifică și că nu se poate vorbi de constante absolute, eterne...

CÂTEVA IPOTEZE NON-CONVENȚIONALE

De-a lungul timpului m-am gândit la câteva ipoteze care mi s-au părut demne de a fi menționate în cele ce urmează. Pe scurt, aceste ipoteze la care m-am gândit, sunt:

- *Conservarea generalizată și echivalența generalizată.*
• Pentru orice sistem și în orice proces, cantitățile de energie, de masă (substanță) și de informație sunt constante.
• Cantitățile de substanță, de energie și de informație sunt echivalente (se transformă neîncetat într-un anumit fel, respectând anumite legi).

- *Despre varietățile de spațiu și timp.*
Legat de această ipoteză (respectiv că nu există un spațiu unic și un timp unic, dimpotrivă, există nenumărate spații și timpuri), sunt de făcut mai multe remarci:

a) - Spațiul (și expansiunea spațiului) se generează prin consum (transformare) de substanță, energie, informație și reciproc, prin descompunerea (dezintegrarea) spațiului se generează substanță, energie, informație).
- Timpul (și implicit expansiunea timpului) se generează prin consum (transformare) de spațiu, substanță, energie, informație, și reciproc, prin descompunerea (dezintegrarea) timpului, se generează spațiu, substanță, energie, informație...
- Dacă se ajunge la SATURAȚIE , după formarea spațiului (și expansiunea acestuia) și apoi prin surplus de substanță, energie, informație, se generează TIMPUL. Altfel spus, TIMPUL este rezultatul existenței prealabile a spațiului, substanței, energiei, informației, este o REZULTANTĂ a acestora !

- Despre câteva noțiuni:

• Repartizarea substanţei în spaţiu este reprezentată prin noţiunea de densitate.

• Manifestarea energiei în timp este reprezentată prin noţunea de acţiune.

• Raportul dintre densitate şi acţiune generează producţia de informaţie.

- Remarcă: o densitate mare şi o acţiune intensă determină o producţie mare de informaţie; o densitate mică şi o acţiune având o intensitate redusă, determină o producţie mică de informaţie.

b) Referitor la spaţiu, este de notat, următoarele:

- Trecerea de la o dimensiune la alta se face printr-o translaţie sau printr-o rotaţie într-un spaţiu primordial adimensional, numit şi spaţiu amorf (singura caracteristică a acestuia este întinderea); dimensionarea spaţiului amorf, determină spaţiul structurat. Cu cât creşte numărul dimensiunilor spaţiului, cu atât spaţiul devine mai complex şi depăşeşte capacitatea de înţelegere sau de percepţie a informaţiei referitoare la structura spaţiului.

Exemple: a) Trecerea de la dimensiunea 0 (zero) (punct), la dimensiunea 1 (unu) (dreapta) – se face prin translaţia punctului .

b) Trecerea de la dimensiunea 1 (dreaptă), la dimensiunea 2 (plan) – se face prin translaţia dreptei SAU prin rotaţia dreptei.

c) Trecerea de la dimensiunea 2 (plan) la dimensiunea 3 (volum) - se face prin translaţia planului sau prin rotaţia planului .

d) Trecerea de la dimensiunea 3 (volum) la dimensiunea 4 (hipervolum) se face prin translaţia volumului sau prin rotaţia volumului.

- Este de menţionat, raportul dintre dimensiunile inferioare şi dimensiunile superioare; spre exemplu, pentru a înţelege, dimensiunea doi este dimensiune inferioară pentru dimensiunea 3 şi este dimeniune superioară pentru dimensiunea unu. De fapt, trecerea de la o dimensiune la alta se face considerându-se că dimensiunea superioară este definită ca fiind... timp pentru dimensiunea inferioară. Astfel, fie cazul succesiunii de planuri, în cazul trecerii de la dimensiunea 2 la dimensiuna 3; atunci, se poate fi considerată că dimesiunea 2 reprezintă de fapt... timpul însuşi, pentru dimensiune 3; altfel spus, dimensiunea a treia poate fi considerată ca fiind timp pentru plan... O fiinţă dintr-un plan va considera că dimensiunea a treia este timp pentru spaţiul bidimensional; aşadar o fiinţă care se află în interiorul unui spaţiu inferior, va considera că dimensiunea superioară este de fapt un *timp*... Va fi o dimensiune "fluidă", variabilă, mobilă şi dimpotrivă, fiinţele care se află în exteriorul unui spaţiu inferior, vor considera dimensiunea superioară ca fiind spaţiu pur – dimensiunea "se solidifică".

c) <u>Alte varietăţi de spaţiu</u> – sunt nenumărate varietăţi de spaţiu, dintre care se pot specifica: spaţii transdimensionale – spaţii fracţionate (sau spaţii iraţionale), spaţii cu dimensiune negativă, spaţii cu dimensiune complexă – toate aceste spaţii necesită un studiu specific şi o abordare atentă.

- Despre Marele Univers şi Hiperstructură

Universul actual, aşa cum îl cunoaştem, face de fapt parte dintr-un ansamblu hipercomplex (adică de o complexitate inimaginabilă), este numai un *fragment* din acest ansamblu; acest ansamblu a fost denumit MARELE UNIVERS . Aşadar, noţiunile de HIPERSTRUCTURĂ şi de MARELE UNIVERS (HIPERUNIVERS) sunt necesare pentru a explica, pentru a înţelege existenţa şi originea Universului. Dacă se admite că Universul este integrat într-o structură superioară (numită "Hiperstructură"), care include şi alte Universuri (şi care, împreună formează, aşadar, Marele Univers), atunci se poate înţelege de ce există Universul şi care este originea acestuia...

- Despre dualitate, nedeterminare, relativitate

- Dualitatea undă-corpuscul, se referă la comportamentul fotonului, atât ca undă, în cazul unor fenomene cum ar fi refracţia, reflexia, difracţia, cât şi ca particulă (corpuscul), în cazul efectului fotoelectric (în anumite situaţii fotonul este o undă, iar în alte situaţii, fotonul este un corpuscul); acest comportament se poate extinde şi în cazul altor particule elementare.

- Principiul de nedeterminare, se referă la faptul că este imposibil să se determine simultan în cadrul unui experiment, atât poziţia cât şi impulsul unei particule elementare; sunt aşa-numitele relaţii de incertitudine ale lui Heisenberg.

- Relativitatea – unul dintre principiile teoriei relativităţii, se referă la faptul că viteza luminii în vid are aceeaşi valoare în toate sistemele inerţiale, sau altfel spus, viteza luminii este considerată ca fiind viteza maximă de deplasare în spaţiu a corpurilor fizice. Are drept consecinţă, printre altele, aşa-numitele relaţii Lorentz (care în esenţă se referă la dilatarea timpului, dilatarea masei și contracția lungimilor.)

- Se poate presupune că există o alternativă, sau o dualitate la relativitate, respectiv se poate postula faptul că timpul este constant sau absolut pentru toate sistemele de referință inerțiale, dar, în schimb, viteza luminii diferă, altfel spus poate avea loc "dilatarea" vitezei luminii, putând avea orice valoare; ca urmare, se poate admite că există realități fizice în care semnalele se pot propaga cu orice viteză, chiar simultan și pot fi evenimente care pot avea loc instantaneu, (sau cu viteze cu mult mai mari decât viteza luminii în vid); acest lucru mai implică necesitatea existenței tahionilor, particule cu viteze mai mari decât viteza liminii în vid... Dar mai există o urmare și anume că trebuie să presupunem timpul ca fiind absolut... Dar, alături de timpul absolut este necesar să existe "timpuri relative" sau altfel spus, presupunem că timpul trebuie să aibe o structură ! Putem propune o relație de tip Lorentz pentru viteză astfel:

$$c = \frac{c_0}{\sqrt{1 - \dfrac{t^2}{t_0^2}}}$$

în această relație, c și c0 sunt vitezele luminii în diverse sisteme de referință, iar t și t0 reprezintă timpul relativ și respectiv timpul considerat ca fiind absolut sau fundamental... Tipul trebuie să fie structurat !...

CÂTEVA REMARCI

1. Viteza luminii c este limitată datorită calității (și probabil cantității) energiei din universul cu patru dimensiuni... Tocmai acesta pare să fie și unul din sensurile relației E=mc2... energia din universul cu cinci dimensiuni este mai complexă, iar energia din universul cu patru dimensiuni este degradată față de energia din universul cu patru dimensiuni. Probabil că și vitezele în Universul cu cinci dimensiuni vor fi mult mai mari tocmai datorită calității energiei. La fel și câmpurile fizice vor fi mai complexe decât cele din universul cu patru dimensiuni.

Singularitatea pare să fie un univers zero-dimensional care s-a dezvoltat generând Universuri cu zero dimensiuni, apoi cu două și trei dimensiuni, cărora le corespund energii specifice - degradate față de energiile din Universurile superioare. Energia vidului este de fapt energia corespunzătoare dimensiunilor inferioare... Energia corespunzătoare dimensiunii zero este cea mai simplă și cea mai dgradată formă de energie care însă se poate dezvolta și poate genera forme superioare de energie...

2. - Din teoria relativității generalizate ar rezulta că gravitația ar fi rezultatul curbării spațiului-timp (sau al continuului spațiotimp) sau ar rezulta și că orice câmp gravitațional puternic ar fi capabil că curbeze continuul spațiu timp (deci A produce B și B produce A – adică gravitația este generată de curbarea spațiului-timp, iar spațiul-timp este curbat de gravitație !)...

- Găurile negre, în care gravitația este concentrată la maxim, pot curba spațiul-timp din jurul lor... Se pot produce astfel așa-numitele găuri de vierme, un fel de tuneluri prin care se poate trece dintr-o regiune a Universului în alta.

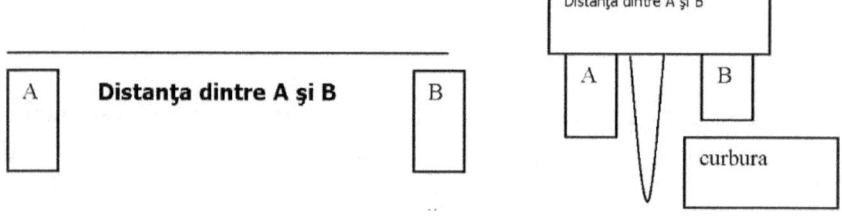

Curbura poate fi de trei feluri : integrală – a spațiului și timpului, apoi a spațiului – prin care se pot crea porți stelare și a timpuliui prin care se pot crea porți temporale.

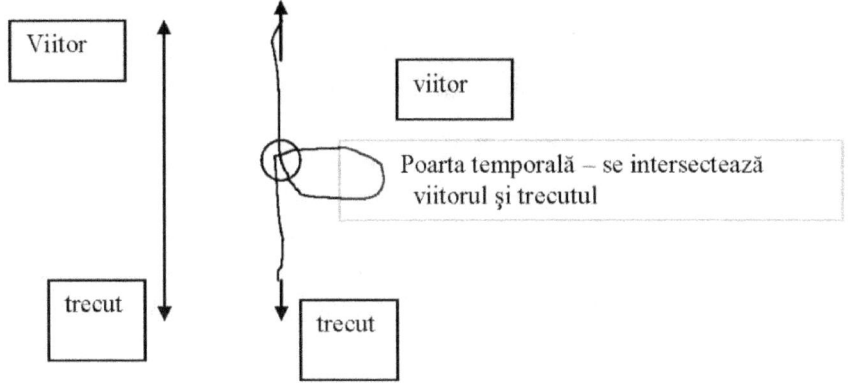

Prin poarta temporală care reprezintă în esență o curbare a timpului dar nu și a spațiului - se poate trece din trecut în viitor și invers cu condiția ca atâta materie, energie sau informație cât trece din trecut spre viitor să treacă și din viitor în trecut și invers... Astfel o călătorie în timp sau o comunicare în timp se poate face numai în condițiile în care are loc, de fapt, un transfer... În caz contrar se pot genera FIE UNIVERSURI ALTERNATIVE (în care vechiu univers se conservă dar apare alt univers schimbat), FIE UNDE TEMPORALE care tind să restabilească situația de dinainte de a se produce o modificare temporală...

Curbarea timpului, ca și curbarea spațiului sau a spațiului-timp însuși se poate face cu un consum foarte mare de energie...

Pe de altă parte, se poate spune că însuși timpul poate fi socotit și ca un câmp special, în care se manifestă acțiuni specifice, care are o ordine specifică și căreia i se asociază o energie specifică – energia temporală... Aceasta este o energie care se poate transforma în alte forme de energie în anumite condiții și care permite o călătorie sau o comunicatre în timp...

Dacă admitem că oricărei energii i se poate asocia (sau îi corespunde) un tip de ordine (și invers) – astfel de exemplu, energiei mecanice îi corespunde ordinea mecanică, energiei gravitaționale îi corespunde ordinea gravitațională, energiei termice îi corespunde ordinea termică, energiei electromagnetice îi corespunde ordinea electromagnetică, energiei nucleare îi corespunde ordinea nucleară – atunci pot să prespun și că ordinii temporale (succesiunea evenimentelor) îi corespunde un tip de energie, numită spre exemplu energie temporală... Este posibil ca aceasta să se tranforme în alte tipuri de energie, la fel cum, spre exmplu, energia cinetică se poate transforma în energie potențială...

3. Formula $E = M C^2$ poate sugera următoarele:

A) echivalența masă – energie;

B) viteza luminii **c** este o limită impusă de energiile și masele din Univers cunoscute în secolul XX, dar nu și pentru alte energii superioare;

C) energia și masa sunt purtătoare de informație; ca urmare, formula sugerează că echivalența poate fi extinsă și pentru informație, astfel încât să fie posibilă o transformare (echivalență) între informație, energie și masă...

Principiul de netederminare și de nelocalizare ca și principiul sincronizării (sau principiul antropic) sunt implicate în stabilizarea (sau coerența) Universului cu 4 dimensiuni inclus într-un Univers cu 5 dimensiuni.

Așadar:

- Energia și masa (substanța) reprezintă un suport pentru informație (pentru un anumit tip de informație) și deci dacă acestea sunt echivalate atunci este posibil să fie echivalată și informația...

- O foaie de hârtie poate conține informație sub forma intrinsecă (structura sa, ordinea constituienților, respectiv ordinea atomilor de carbon spre exemplu), și informație asociată (spre exemplu, un text tipărit pe suprafața acesteia)... Dacă hârtia este arsă, atunci informația intrinsecă, precum și informația asociată, se transformă...

CÂTEVA SUGESTII FILOZOFICE

1. Există o întrepătrundere între cunoaștere și realitate. Astfel se pot deosebi următoarele raporturi:

- Realitatea obiectivă necunoscută inaccesibilă: o realitate care există obiectiv, așadar este independentă de individul care există obiectiv, așadar este independentă de individul care poate cunoaște lumea, dar care totuși este inaccesibilă sau altfel spus rămâne în afara posibilităților de cunoaștere a acelui individ (numit și subiect cunoscător).

- Realitatea obiectivă necunoscută accesibilă: realitatea obiectivă care este necunoscută la un moment dat, dar care POATE fi cunoscută cândva, în alte împrejurări...

- Realitatea obiectivă cunoscută: este realitatea cunoscută, obținută prin acumularea sau sttocarea de informații, observații, experiențe, experimente, teorii, ipoteze...

- Generalizări, metateorii, epistemologie, filozofie, logică, matematică – este cunoașterea cea mai generală și abstractă (se situează de fapt la granița dintre obiectiv și subiectiv), este "intrarea în subiectivite a obiectivității".

- Realitatea subiectivă – este realitatea sau lumea subiectului cunoscător, conștiința acestuia; această realitate subiectivă, se poate suprapune sau nu cu o anumită realitate obiectivă:

Realitate obiectivă	Realitate Coincidentă (izomorfă)	Realitate subiectivă (conștiința)

- Zona ambiguă (vagă) – interferența dintre realitatea obiectivă necunoscută, accesibilă și realitatea obiectivă cunoscută (este domeniul speculațiilor, ipotezelor, magicului, anomaliilor, paranormalului, etc.).

Așadar în cadrul raportului dintre realitatea obiectivă (existență) și cunoaștere (subiectivitate, conștiință), este necesar să se țină cont de ACCESIBILITATE – și care, în ultimă instanță reprezintă posibilitatea sau capacitatea de a se realiza CONEXIUNI diverse între subiectul cunoscător și EXISTENȚĂ (realitatea obiectivă). Cu cât se pot realiza conexiuni mai multe și mai variate, cu atât realitatea este mai accesibilă (este mai susceptibilă de a fi cunoscută) și invers, cu cât conexiunile, fie nu se realizează (accesibilitate redusă), fie se realizează, dar devin infinit de numeroase și de variate, cu alte cuvinte realitatea devine complexă, atunci existența devine puțin accesibilă sau, în caz extrem, inaccesibilă (poate depăși capacitatea subiectului cunoscător de a procesa informațiile și de a obține informațiile).

2. Deși în principiu cunoașterea umană este nelimitată, totuși în fapt, nu este așa. Printre limitele cunoașterii umane se pot menționa:

- Limitarea cunoașterii impusă de gândire. Gândirea poate fi definită, într-o primă aproximație, astfel:

♣ Este definită spațio-temporal: organizare spațială și ordine temporală a noțiunilor, judecăților, raționamentelor; gândim într-un spațiu tridimensional și într-un timp unidirecțional (viitor, prezent, trecut).

♣ Este definită conexional: se stabilesc cu necesitate legături între entități abstracte și concrete; nu poate exista o gândire în afara conexiunilor:

♣ Este definită prin invarianță: obiectele și legăturile dintre acestea, pentru a fi sesizate și apoi supuse unui proces intelectual, trebuie să sibe o anumită stabilitate.

♣ Este definită printr-un referențial: este necesar să existe un reper față de care se raportează noțiunile, judecățile, rațioamentele, sau observațiile și experiențele.

♣ Este definită prin complexitate: ca efect al stocării iinformațiilor și a realizării conexiunilor multiple, a structurilor, "apare" complexitatea realității...

În definitiv, se poate vorbi de limitarea conceptuală a cunoașterii – aceasta derivă din capacitatea limitată de a analiza, sintetiza, generaliza a gândirii omenești, precum și din capacitatea limitată de înțelegere a omului. Limitarea gândirii apare implicit, din limitarea elementelor care o definesc.

- Limitarea inductivă și tehnologică a cunoașterii – aceasta derivă din posibilitățile limitate privind capacitatea de observație, experiment și de prelucrare a datelor experimentale, precum și din limitele impuse de tehnică și tehnologie, ceea ce are ca urmare o limitare a cunoașterii.

- Limitarea biologică a cunoașterii – organismul uman impune anumite restricții în ceea ce privește cunoaăterea Universului (numărul limitat de organe senzoriale, capacitatea resatrânsă de preluare și de prelucrare a informației, etc.).

- Limitatrea social-istorică a cunoașterii – această limitare este datortă faptului că subiectul cunoscător (omul în acest caz), este condiționat psihologic, social și istoric, altfel spus, cunoașterea va fi limitată de dezvoltatea socială și economică, precum și de etapa istorică a societății...

Toate aceste limitări, fac ca orice tip de cunoaștere să fie relativă și într-o continuă devenire...

3. Gorgias, Zenon, Kant, au semnalat o serie de relații între diferite planuri ale cunoașterii umane. În general, se poate schița următoarea schemă...

"Lumea nu există; dacă ar exista, nu ar fi reală; dacă ar fi reală, nu ar putea fi cunoscută; dacă ar putea fi cunoscută, nu ar fi comunicată nu ar putea avea vreo valoare (sens); dacă ar putea avea o valoare (sens), nu ar putea fi folosită (nu ar genera o acţiune); dacă ar putea fi folosită, ar fi inutilă" (Filozoful Gorgias)...

În acest context, se ppt delimita următoarele planuri definitorii pentru subiectul cunoscător (conţtiinţă):

- planul existenţial – reprezintă ontologicul, fiinţarea, primordialitatea;

- planul cunoaşterii – reprezintă gnoseologicul, contactul sau conexiunea cu existenţa în general;

- planul realului – reprezintă epistemologicul, cunoaşterea concretă, aprofundată, conexiunea primordială cu existenţa imediată;

- planul comunicaţional – reprezintă lingvisticul, conexiunea informaţională;

- planul valoric – reprezintă eticul şi esteticul, structurarea şi procesualitatea, comportamentul subiectului cunoscător în cadrul realităţii;

- planul practic – reprezintă practica, acţiunea, tehnica, interacţiunea dintre subiectul cunoscător şi realitate;

- planul ideatic – reprezintă subiectivitatea, abstractul, generalitatea, activitatea internă a subiectului cunoscător...

- planul comun – reprezintă cunoaşterea "cotidiană", superficială a subiectului cunoscător, alături de alte subiecte cunoscătoare;

- planul organic – reprezintă structura biologică şi biochimică a omului (în calitate de subiect cunoscător).

Aceste planuri definesc aşadar, subiectul cunoscător.

Realitatea obiectivă nu poate fi cunoscută în totalitatea ei, ci numai în parte, iar această parte reprezintă <u>ceea ce este compatibil</u> cu subiectul cunoscător, <u>ceea ce nu este compatibil</u> sau poate deveni cu timpul compatibil sau dacă nu poate deveni, atunci rămâne în zona de inaccesibilitate – este o existenţă inaccesibilă cunoaşterii.

Ceea ce cunoaştem nu este o realitate pură, ci este, dimpotrivă, o realitate impură, transfigurată. Orice activitate de cunoaştere a realităţii, modifică realitatea !

Ar mai trebui specificată şi definită noţiunea de <u>rest</u>. Prin rest se înţelege "ceea ce este în afara cunoaşterii" şi poate fi *rest potenţial* (realitatea care poate fi cunoscută cândva, dar care nu este cunoscută la un moment dat) şi *rest extrem (absolut)* – este de fapt realitatea inaccesibilă (nu poate fi cunoscută niciodată).

Rest extrem	Rest potenţial	Cunoaştere	

Dacă admitem că gândirea umană se caracterizează sau se defineşte prin raporturi şi comparaţii, atunci restul extrem este ceva ce nu poate fi raportat la ceva anume... EXISTĂ DAR NU POATE FI DEFINIT ŞI DECI CUNOSCUT...

Când se afirmă despre ceva (eveniment, obiect, propoziţie, etc.) că este un non-sens, atunci acel ceva, fie că nu este înţeles, fie nu se poate cunoaşte, fie este inaccesibil cunoaşterii... Un obiect de cunoscut se defineşte ca fiind o porţiune din realitatea obiectivă accesibilă. Se poate considera că subiectul cunoscător poate deveni obiect de cunoscut, pentru alte obiecte cunoscătoare (pentru că orice subiect cunoscător face parte din realitatea obiectivă); dar obiectul de cunoscut nu poate deveni întotdeauna (sau nu pote fi întotdeuna) subiect cunoscător...

Situaţia devine destul de complexă atunci când se studiază urmpptorul aspect: subiectul cunoscător implică obiectul de cunoscut în sensul că odată ce s-a pus problema subiectului cunoscător, implicit s-a pus şi problema obiectului cunoscător... Altfel spus, apar două întrebări:

- fără subiect cunoscător, nu există subiect cunoscător ?
- fără subiect cunoscător, nu există obiect de cunoscut ?

Se poate conchide că, în definitiv se poate delimita două zone ale existenţei:

- existenţa în sine, ca atare, fără o legătură cu ceea ce numim cunoaştere (existenţa ca ontologie, ca fiinţare);
- existenţa ca fiind cunoaştere, legată de ceea ce se cunoaşte...

Aşadar este de remarcat următorul aspect şi anume că existenţa în general poate fi definită, pe de o parte, ca fiind existenţa ontologică (ceea ce există indiferent de subiectul cunoscător) şi, pe de altă parte, ca fiind existenţa gnoseologică (ceea ce există pentru un anumit subiect cunoscător)... Un subiect cunoscător poate să-şi mărească domeniul existenţial numai prin conexiuni – în lipsa acestora, se limitează numai la existenţa sa proprie... Spre exmplu un individ oarecare, considerat ca fiind un subiect cunoscător, există într-un anumit interval de timp şi într-un anumit spaţiu... Domeniul său existenţial este restrâns numai la acest spaţiu şi acest timp; dacă va putea să realizeze conexiuni – cu alte obiecte, cu alţi indivizi, atunci îşi va mări domeniul existenţial, sau altfel spus, existenţa sa gnoseologică va fi mai mare sau mai profundă...

▶ Raportul dintre existenţă şi neant - devenirea

Devenirea, în concepţia hegeliană reprezintă sinteza existenţei cu neantul, iar Heraclit afirma că... "totul curge"... Devenirea este unitatea dintre existenţă şi non-existenţă, întrucât orice lucru fiind în permanentă schimbare, este în necontenită trecere de la existenţă la non-existenţă şi invers, aşadar ceva este şi nu este în acelaşi timp... Prin urmare devenirea este categoria care "sintetizează" lucrurile existente şi non-existente... Pe de altă parte trebuie făcută o anumită distincţie între neant şi non-existenţă...

Neantul este o generalizaare a non-existenţei, neantul este o non-existenţă absolută sau altfel spus, neantul este o nedeterminare... Trebuie făcută o distincţie clară între neant şi non-existenţa propriu-zisă; non-existenţa este o nederminare a unui ceva care NU EXISTĂ (o cană care s-a spart nu mai există !).

Se poate confunda devenirea cu timpul. Dar timpul nu este decât un atribut al existenţei, defineşte existenţa, însă devenirea aşa cum a fost definită, este o sinteză a existenţei şi non-existenţei...

Spre deosebire de devenire, eternitatea este o existenţă nelimitată, infinită, care nu presupune non-existenţa (sau inexistenţa). Eternitatea reprezintă aşadar o existenţă absolută, statică, nu prezintă fluctuaţii, este un perpetuu "acelaşi"...

Spre exemplu, în modelul cosmologic staţionar, Universul este înţeles ca fiind etern, proprietăţile spaţiului şi timpului sunt neschimbătoare, Universul este fără origine, spre deosebire de modelul cosmologic inflaţionist, în care Universul este înţeles ca fiind în devenire sau schimbător, proprietăţile spaţiului şi timpului se schimbă – cândva au fost altele, iar altă dată vor fi altele...

Mai este de subliniat şi faptul că este o deosebire fundamentală între devenire şi mişcare... Mişcarea se referă la o anumită schimbare particulară a unui corp, la o deplasare a unui corp în spaţiu şi timp, deci este o categorie mai puţin generală decât devenirea... Altfel spus, devenirea cuprinde mişcarea...

Se poate conchide că devenirea este eternă, iar eternitatea se află în devenire ! Iată un paradox foarte interesant !

Pe de altă parte, se poate afirma că lumea este complexă, atât în aparenţă cât şi în esenţă, deşi poate că suntem ispitiţi să credem că lucrurile sunt complexe în aparenţă, dar sunt simple în esenţă... Nimic mai fals... Cu cât cunoaştem esenţa mai mult, cu atât ne dăm seama că aceasta este complexă şi stranie...

▶ Problema diversităţii şi a raportului cu devenirea

Se poate observa că manifestarea şi reprezentarea existenţei este extrem de diversă... Diversitatea este o categorie complexă, destul de greu de definit. Prin diversitate putem înţelege acea multilateralitate a lucrurilor, proceselor, fenomenelor, proprietatea de a nu fi acelaşi, asemenea, ci altceva, diferit, non-identic, altul... Această ramificare complexă, această diferenţiere a lucrurilor, proceselor, fenomenelor, pornind de la nivelul considerat elementar şi până la nivelul considerat superior, constituie diversitatea...

Un substrat al diversităţi este material, un alt sbstrat este conştiinţa sau spiritul, dar pot fi o infinitate de substraturi...

În altă ordine de idei, eternitatea presupune o diversitate limitată şi puţin densă în care lucrurile, fenomenele, procesele sunt date odată pentru totdeauna, neschimbărtoare. Eternitatea este absolută, devenirea (şi diversitatea), relativă.

Dar diversitatea este specifică nu numai la nivelul aparenţelor – fenomenele, procesele, structurile sunt diverse, dar este caracteristică şi la nivelul esenţei.

Se poate defini o diversitate internă (la acelaşi nivel, sau domeniu, spre exemplu este o diversitate internă la nivelul molecular – există nenumărate tipuri de molecule) şi o diversitate externă (între niveluri sau domenii, spre exmplu între nivelul molecular şi nivelul cosmic – există nenumărate tipuri de molecule şi nenumărate corpuri cosmice).

Note

• Este de semnalat că apar complicaţii în înţelegerea raportului identitate-diversitate.

Identitatea este "ceea ce este egal cu sine însuşi"; deci ceea ce nu este egal cu sine însuşi, nu este o identitate, este o diversitate (există o diferență, o deosebire).

Nu poate exista o identitate pură (în sine) și o diversitate pură (în sine).

Diversitatea se generează instantaneu, la toate nivelurile.

Între diversitate și devenire, există o legătură fundamentală. Devenirea lumii dă un anumit sens diversității ei de principiu. Dacă luăm în considerare reprezentarea și manifestarea părților constituente ale lucrurilor putem deosebi următoarele situații:

- părți care nu se reprezintă dar se manifestă (structuri nucleare, moleculare, etc.);

- părți care se reprezintă dar nu se manifestă (structurile matematice, logice, etc.);

- părți care se reprezintă și se manifestă (etrsucturile ecologice, sociale, etc.);

- părți care nu se reprezintă și nu se manifestă (zonele foarte îndepărtate, aflate la limita cosmosului sau a nivelului cuantic; zona inaccesibilă a cunoașterii).

• Două aspecte interesante:

- Diversitatea și devenirea se implică reciproc – devenirea reprezintă ceea ce este ȘI nu este în același timp, iar diversitatea reprezintă ceea ce este SAU nu este în același timp. Astfel, dacă diversitatea presupune o extindere, o consistență (în conținutul și forma lucrurilor, a materiei), atunci, devenirea presupune o procesualitate (în conținutul și forma lucrurilor, a materiei).

- Dezvoltarea contradicțiilor de la simplu la complex, presupune realizarea unor conexiuni; aceasta conduce la nenumărate alternanțe: unificare-diversificare, progres-regres, apariție-dispariție, creare-distrugere, integrare-dezintegrare, organizare-dezorganizare, acumulare-pierdere, nou-vechi, persistență-salt, etc.

▶ Despre EXISTENȚĂ

Există o întrepătrundere între ceea ce se cunoaște și ceea ce nu se cunoaște; în acest sens se poate vorbi despre existență în felul următor:

- Existența gnoseologică – se definește astfel: **ceva** există obiectiv, dar nu îl cunosc, respectiv ceva există și îl cunosc; este existența cunoscută; **ceva** poate să existe dar să nu fie cunoscut și din acest punctde vedere, doar aceasta interesează pe un anumit subiect cunoscător (cu alte cuvinte, o ființă care poate să cunoască).

- Exsitenţa ontologică – se poate defini astfel: **ceva** există ca atare, indiferent dacă îl cunosc sau s-ar putea să îl cunosc sau să nu îl cunosc niciodată; este existenţa ca existenţă, în sine însuşi.
- Existenţa cronologică (sau temporală) – ceva există la un moment dat dar nu şi la alt moment...
- Existenţa topologică (raportată la un referenţial) – ceva există pentru o entitate A raportată la un referenţial sau la un reper R, dar nu şi pentru altă entitate B sau raportată la alt referenţial sau reper P; cu alte cuvinte, un anumit lucru poate să existe sau nu pentru un anumit subiect cunoscător (un observator, o fiinţă care are capacitatea de a cunoşte) în funcţie de reperul la care se raportează acel subiect cunoscător...
- Alte categorii de existenţe: existenţa concretă şi existenţa abstractă; existenţa obiectivă şi existenţa subiectivă; existenţa naturală şi existenţa artificială; existenţa actuală şi existenţa potenţială; existenţa necesară şi existenţa întâmplătoare; existenţa adevărată şi existenţa falsă, existenţa generală şi existenţa locală; existenţa culturală şi existenţa singulară...

În general însă, se pot delimita două zone ale existenţei:
- existenţa în sine – ca atare, fără vreo legătură cu cunoaşterea;
- existenţa considerată ca o cunoaştere – legată de ceea ce se cunoaşte, luată în sens gnoseologic, dependentă de subiectul cunoscător; existenţa în sensul cunoaşterii este "cuprinsă" în existenţa în sine – există în definitiv o infinitate de entităţi care nu sunt cunoscute şi care par a nu exista pentru a fi cunoscute – există în sine şi atât...

DESPRE FINALITATEA UNIVERSULUI

Într-un articol foarte interesant: *Soarta Universului-moartea termică, Marea Ruptură (Big Rip)* - www.stiintaonline.ro/soarta-universului-moartea-termica-marea-ruptura-, 28.02.2016, se arată următoarele aspecte privind viitorul Universului:

"**Viitorul**

Înainte de a vorbi despre ce s-ar putea întâmpla într-un viitor foarte îndepărtat, voi menţiona un alt studiu relevant: GAMA. Pe baza acestui studiu s-a constatat că Universul este deja „pe moarte". Aceasta înseamnă că epoca de vârf a formării stelelor a trecut, iar Universul a intrat deja într-o fază de reducere a strălucirii.

Peste 5 miliarde de ani Soarele va intra în faza de gigant roşu, iar peste 7 miliarde de ani va înghiţi Pământul.

În continuare efectul energiei întunecate şi modul cum energia întunecată variază în timp devin importante. Cu cât energia întunecată este mai puternică, cu atât este mai probabil ca Universul să sfârşească într-un Big Rip. Pe scurt, Big Rip se produce atunci când forţa de respingere datorată energiei întunecate învinge forţa de atracţie gravitaţională. Obiectele legate gravitaţional (cum ar fi clusterul galactic local, propria noastră galaxie Calea Lactee, Sistemul Solar şi, eventual, noi înşine) sunt sfâşiate şi tot ceea ce rămâne în urma lor este (probabil) vidul.

Datele obţinute în urma studiului WiggleZ şi a altor experimente nu exclud ipoteza Big Rip, dar acest eveniment ar avea loc într-un viitor extrem de îndepărtat.

O altă ipoteză privind soarta Universului este moartea termică. Datorită expansiunii Universului, peste 100 de milioane de ani nu vom mai putea observa galaxiile din afara grupului nostru local. Procesul de formarea a stelelor va înceta peste aproximativ 1-100 trilioane de ani. Deşi vor mai exista stele în Univers, acestea vor rămâne fără combustibil peste aproximativ 120 trilioane ani. În acel moment în Univers vor exista doar resturi stelare: găuri negre, stele neutronice sau pitice albe. Peste 10^{20} ani cele mai multe dintre aceste obiecte vor fi înghiţite de găurile negre supermasive din centrul galaxiilor.

În acest fel, Universul va deveni tot mai întunecat. Ce se va întâmpla în continuare depinde de cât de repede se descompune materia din Univers. Se crede că protonii, cei care alături de neutroni şi electroni formează atomii, se dezintegrează spontan în particule subatomice după un timp foarte lung. S-a calculat că materia obişnuită va dispare după 10^{40} ani. În continuare vor rămâne numai găurile negre. Şi chiar şi ele se vor evapora după aproximativ 10^{100} ani.

În acest moment Universul va fi aproape un vid. Datorită expansiunii Universului, particulele rămase, cum ar fi electronii şi fotonii, sunt foarte îndepărtate unele de altele şi interacţionează rareori între ele. Această fază este denumită „moartea termică" a Universului.

Ideea de moarte termică a Universului provine de la a doua lege a termodinamicii care afirmă că entropia – o măsură a gradului de „dezordine", creşte mereu. Orice sistem, inclusiv Universul, ajunge în cele din urmă într-o stare de dezordine maximă. Când toată energia din Cosmos devine uniform răspândită, nu va mai exista căldură sau energie liberă pentru a alimenta procesele care consumă energie, cum ar fi viaţa.

Creierele Boltzmann și noile Big Bang-uri

Toate cele de mai sus compun o perspectivă foarte sumbră asupra Universului. De aceea voi încheia acest articol cu o ipoteză mai optimistă, foarte speculativă, imposibil de testat și, probabil, greșită.

Conform mecanicii cuantice, diferite lucruri aleatorii pot apărea din vid. Aici nu este vorba de o predicție matematică: prezența unor particule care apar și apoi dispar a fost evidențiată în mod constant în experimentele din fizica particulelor. În consecință, s-ar putea ca așa-numitele „fluctuații cuantice" să dea naștere la un moment dat unui atom.

S-a speculat că astfel s-ar putea forma un „creier" denumit creier Boltzmann. Când s-ar putea forma un astfel de lucru? Ei bine, s-a calculat că după $10^{10^{10^{50}}}$ *ani.*

Când se va produce un nou Big Bang? Cosmologii cred că peste $10^{10^{10^{56}}}$ *ani."*

(Traducere și adaptare după *The fate of the universe: heat death, Big Rip or cosmic consciousness?*)...

*

Așadar aș putea să mă gândesc că ceea ce va fi, a mai fost, adică se va repeta ceea ce a fost la începutul Universului...

Unii afirmă că nu are sens să se vorbească despre ceea ce a fost mai înainte de "nașterea Universului", fiindcă timpul a apărut odată cu Universul însuși... Ca urmare, nu se poate vorbi despre ceva ce era mai înainte de... timp ! Și totuși nu este chiar așa... Cine îmi garantează că nu era un alt timp sau un alt Univers ? Niște ecuații matematice nu pot niciodată să determine ceea ce este și ceea ce a fost, deși pot să ofere unele indicii, dar numai în cazul în care sunt interpretate corect...

Putem specula oricât, dar e bine să nu se uite că marile descoperiri din fizică – și nu numai – au fost inițial niște speculații...

Spre exemplu, să revenim la faptul că fluctuațiile cuantice pot să genereze un "creier Boltzmann"... Acest "creier" ar putea fi un fel de entitate informațională care ar genera o singularitate... Aceasta ar genera mai departe un UNIVERS... DAR... ceea ce este de subliniat este că această singularitate ar putea fi... într-o situație analoagă aceleia descrise în experimentul lui Schrödinger…

Referitor la acest experiment, iată un citat edificator:

"Schrödinger a scris:

„Putem imagina chiar cazuri destul de ridicole. O pisică este închisă într-o camera din oțel, împreună cu următorul dispozitiv (care trebuie să fie ferit de interacțiunea directă cu pisica): într-un detector Geiger-Müller se află o cantitate mică de material radioactiv, atât de mică încât, în decurs de o oră, doar un singur atom probabil se va dezintegra, sau cu egală probabilitate, poate niciunul; dacă totuși se întâmplă, detectorul Geiger va genera un semnal si prin intermediul unui releu eliberează un ciocan care sparge o mică fiola de cianură. Dacă lăsam nesupravegheat întregul sistem timp de o oră, putem spune că pisica trăiește încă dacă în acest timp nici un atom nu s-a dezintegrat. Funcția de undă a întregului sistem va exprima acest fapt având în ea pisica vie-și-moartă (scuzați expresia) sau împrăștiată în părți egale.

Este tipic pentru aceste cazuri ca o nedeterminare localizată inițial la nivel atomic să fie transformată într-o nedeterminare la nivel macroscopic, care poate fi apoi rezolvată prin observare directă. Asta ne împiedică să acceptăm în mod naiv ca valid un "model neclar" pentru a reprezenta realitatea. Prin el însuși el nu conține nimic neclar sau contradictoriu. Există o mare diferență între o fotografie mișcată sau nefocalizată și o fotografiere clară a norilor și a pâlcurilor de ceață.[2]"

Textul de mai sus este o traducere a două paragrafe dintr-un articol original mult mai mare, care a apărut in revista germană *Naturwissenschaften* ("*Științele naturii*") în 1935.[3] "

" [2] ^ Schroedinger: "*The Present Situation in Quantum Mechanics*"

[3]^ Schrödinger, Erwin (1 noiembrie 1935). *„Die gegenwärtige Situation in der Quantenmechanik (The present situation in quantum mechanics)"*. Naturwissenschaften. "

(https://ro.wikipedia.org/wiki/Pisica_lui_Schr%C3%B6dinger)

*

"Ce vrea de fapt să evidențieze experimentul lui Schrödinger, aparent unul banal și nespectaculos, este faptul că, deși există o limită între lumea accesibilă simțurilor noastre și cea cuantică, această limită nu e nicidecum clară. Nimeni nu are nici cea mai vagă idee unde se situează acea limită, sau de ce efectele cuantice dispar când se trece peste ea, dinspre lumea particulelor elementare către cea macroscopică (lumea accesibilă nouă și înțeleasă de oameni pe baza fizicii clasice)." -

(Scris de Scientia.ro, Categorie: Mecanica cuantică Publicat: 15 Februarie 2009, titlu: *Pisica lui Schrödinger*)

*

Altfel spus, nu va exista niciodată o limită clară între ceea ce a fost mai înainte și cea a fost după BIG BANG, între ceea ce a determinat formarea singularității și ceea ce a declanșat EVENIMENTUL PRIMORDIAL (BIG BANG) sau între ceea ce ar fi putut fi și ceea ce a fost de fapt...

*

În altă ordine de idei, se mai poate schița o variantă de reprezentare a Universului după cum urmează (care s-ar prea putea să fie cea corectă)...

Universul „nostru" este de fapt un UNIVERS PARȚIAL, caracterizat printre altele prin continuitate spațio-temporală, (altfel spus este un continuum spațio-temporal)... Potrivit concepției dominante actualmente, Universul a apărut ca urmare a ceea ce s-a numit BIG BANG și va dispărea ca urmare a unei catastrofe finale, denumite de către unii, MAREA SFĂRÂMARE – „BIG CRUNCH"... Între aceste limite, spațiul și timpul nu prezintă nici o discontinuitate... Numai că, ceea ce nu se știe, este ceea ce a fost înainte de cele două limite: apariție – dispariție... Unii spun că este o absurditate să ne întrebăm ce a fost înainte de apariția Universului și ce va după dispariția acestuia... Este ca și cum am spune că este lipsit de sens să ne întrebăm ce a fost înaintea omului și ce va fi după dispariția acestuia... Ei bine, cred că nu este nicidecum lipsit de sens... Este o absurditate poate pentru cei care se mulțumesc cu o viziune comodă, simplă și confortabilă, pentru cei care își închipuie că aproape nimic nu mai poate fi cunoscut, că tot ceea ce se cunoaște este perfect, este imuabil...

Nu au idee cât de mult se înșeală...

Ei bine, în definitiv, pot să presupun... Tot așa cum și Democrit a putut să presupună că natura este alcătuită din atomi... Și a avut dreptate în cele din urmă... Așadar, pot să presupun că Universul „nostru" este de fapt un Univers Parțial, caracterizat prin continuitate spațio-temporală... Acest Univers nu este decât o parte, un fragment dintr-un Megaunivers – denumit și Univers Integral sau altfel spus, că face parte dintr-o succesiune de Universuri Parțiale și toate aceste Universuri Parțiale – caracterizate prin continuitate spațio-temporală – formează un Megaunivers (Univers Integral)... Acest Univers Integral prezintă discontinuități spațio-temporale (aceste discontinuități sunt de fapt limitele Universurilor Parțiale)... Mai departe, UNIVERSUL INTEGRAL este inclus în HIPERSTRUCTURĂ (MULTIVERS)...

O schemă ar putea face mai accesibilă această idee...

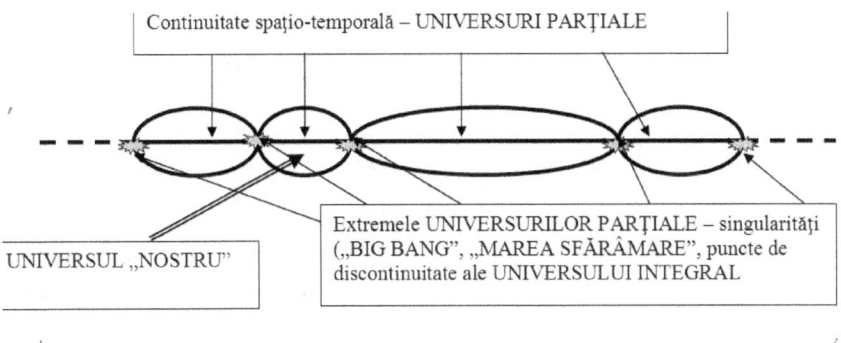

Astfel aş putea să îmi explic ceea ce a fost înainte de "MAREA EXPLOZIE" şi ce va fi după "MAREA SFĂRÂMARE"... Aş putea să îmi explic, într-o anumită măsură ceea ce este dincolo de spaţiul şi timpul Plank şi respectiv spaţiul şi timpul Hubble... Într-adevăr, este mult mai natural, mai logic, să presupun că UNIVERSUL „NOSTRU" este inclus într-o structură superioară, decât să afirm că este o absurditate să mă întreb ce a fost mai înainte de... BIG BANG...

Cele două extreme ale Universului "nostru", sunt:

- cel mai mic fragment de spaţiu şi timp, aşa-numitele limite Plank:
• lungimea Planck $l_P = 1,61609735 \times 10^{35}$ m;
• timpul Planck $t_P = 5,3907205 \times 10^{-44}$ s.

- cea mai mare limită acceptată actualmente a Universului:
• diametrul Hubble (diametrul vizibil al Universului): 96 (+/- 4) •10^9Ani-lumină
• timpul Hubble (vârsta Universului): $13,77 \cdot 10^9$ ani
(date https://ro.wikipedia.org/wiki/Univers)

Aşadar, între aceste limite, se poate vorbi de un continuum spaţio-timp, între aceste limite, se pot dezvolta tot felul de structuri şi pot avea loc tot felul de procese, care pot fi mai mult sau mai puțin complexe; complexitatea însă nu va fi infinită ci va avea o anumită limită, în funcție de energia, substanța (sau masa) și informația stocată sau vehiculată în Univers...

MISTERELE CUNOAȘTERII

Conform definiției din dicționar, cunoașterea înseamnă... "a ști, a aprecia, a judeca, a observa, a remarca, a înțelege, a explora..." Dar... de ce există cunoașterea ? Cu alte cunvinte, care este cauza cunoașterii ? Pentru a răspunde la acesată întrebare, este bine ca mai întâi să se precizeze că sunt diferite forme de cunoaștere: cunoașterea intuitivă (percepția lucrurilor), cunoașterea instinctuală, cunoașterea genetică, cunoașterea religioasă (sau credința), cunoașterea culturală (tradiția scrisă sau orală), cunoașterea spirituală (sau revelația), cunoașterea științifică și tehnică sau practică... Toate aceste forme ale cunoașterii au apărut mai întâi ca urmare a necesității de a... supraviețui ! Dacă mediul de viață al oamenilor ar fi fost optim, neagresiv, atunci, probabil că nu ar fi fost necesară... cunoașterea. Dar, întrucât mediul de viață (mediul planetar, cosmic) a fost și este agresiv, a apărut necesitatea de a se dezvolta mai multe procese capabile să ofere o anumită protecție organismelor... Printre aceste procese (poate că este cel mai eficient proces) se numără și așa-numitul proces de cunoaștere (au procesul cognitiv).

Printre efectele *cunoașterii* se pot specifica: contribuie esențial la supraviețuirea speciei umane; are efecte diverse în ceea ce privește modificarea mediului planetar; contribuie la optimizarea vieții...

Aceasta ar fi cauza principală a apariției cunoașterii... Pe de altă parte, există câteva mistere ale cunoașterii; printre aceste mistere, se pot aminti:

Dacă exstența este infinită, atunci cunoașterea este și ea infinită ?

Este posibilă o cunoaștere abisală ?

Dacă există o realitate infinit de complexă, atunci în ce măsură poate fi cunoscută ?

Se poate cunoaște numai o realitate compatibilă cu... subiectul cunoscător sau se poate cunoaște și o realitate incompatibilă cu subiectul cunoscător ? (subiect cunoscător – adică "ființa care poate cunoaște").

S-ar părea că există cel puțin două limite în cunoaștere: limita de complexitate (nu se poate cunoaşte o realitate oricât de complexă) şi limita de compatibilitate (nu se poate cunoaşte o realitate care să nu aibe nici un fel de legătură cu subiectul cunoscător, respectiv cu individul care vrea să cunoască realitatea); se pune aşadar o întrebare şi anume, care sunt aceste limite ? De asemeni se mai poate menţiona că nu se poate cunoaşte decât un număr finit de Universuri, (capacitatea de cunoaştere trebuie să fie compatibilă cu capacitatea creierului uman de a procesa informaţiile).

Câte fiinţe din Univers pot să cunoască realitatea ?

În ce măsură pot fi cunoscute fiinţele din Univers ?

Cunoaşterea, la rândul ei, poate fi... cunoscută ?

În ce măsură pot fi cunoscute... enigmele ? (Pot fi cunoscute TOATE ENIGMELE ?)

Adaptarea (la mediul de viaţă) este cauza apariţiei inteligenţei, gândirii, sentimentelor şi a cunoaşterii ?...

Iată, acestea sunt câteva mistere ale cunoaşterii care vor fi elucidate cândva...

*

Cred că se poate reduce complexitatea existenţei la trei componente: Universul, Viaţa, Conştiinţa... Universul este tot ceea ce există, Viaţa este tot ceea ce dă un sens Universului, iar Conştiinţa este tot ceea ce dă o semnificaţie Universului... Într-un anumit fel, Existenţa înseamnă de fapt, reuniunea dintre Univers, Viaţă, Conştiinţă...

DIVERSITATE (PLURALITATE), UNITATE, INFORMAŢIE

Diversitatea generează informaţie, iar unitatea reduce informaţia. Cu toate acestea, un exces de informaţie sau un deficit de informaţie nu este o situaţie întâlnită prea frecvent. În general, există un echilibru între diversitate şi unitate, între generarea informaţiilor şi reducerea (compunerea) informaţiilor... Pe de altă parte, INFORMAŢIA se conservă (informaţia nici nu se pierde, nici nu se câştigă, ci se transformă dintr-o formă în alta, ca şi energia şi substanţa). Ca urmare nu poate exista o diversitate (pluralitate) absolută, nu poate exista o unitate absolută în acest UNIVERS...

ASPECTE FILOZIFICE REFERITOARE LA

COMPLEXITATE

În ultimă instanță complexitatea unui sistem depinde de cantitatea și calitatea informațiilor, energiilor și substanțelor acelui sistem; cantitatea și calitatea acestora nu este infntă, ci dimpotrivă este finită... De asemenea depinde și de capacitatea de transformare a informațiilor, energiilor, substanțelor – cu cât este mai mare, cu atât sistemul poate evolua și poate deveni complex. Totuși această evoluție are loc până la o anumită limită... Așadar, un sistem poate deveni complex, până la o anumită limită, după care, fie că se poate prăbuși, nemaiputând menține complexitatea, fie poate involua lent, fie își poate menține complexitatea o anumită perioadă de timp, fie poate deveni haotic, fie se poate dezintegra într-o anumită perioadă de timp, fie poate să facă un salt de complexitate, devenind un sistem hipercomplex... Complexitatea unui sistem nu poate fi menținută pe o perioadă îndelungată de timp... Dacă s-ar menține o perioadă infinită de timp, asta ar implica o cantitate infinită de informații, energii, substanțe, ceea ce este imposibil.

Așadar, în general, pot fi luate în considerare următoarele posibilități: sistemul poate evolua până la o anumită limită de complexitate - când ajunge la un punct critic, după care fie va face un salt în complexitate, devenind un hipersistem, fie va involua până când va ajunge la o anumită limită de simplitate, ajungând la un punct critic, după care fie va relua evoluția, fie va deveni haotic, fie se va dezintegra... Punctele critice reprezintă un anumit tip de echilibru - cunoscut sub denumirea de echilibru metastabil, adică un echilibru foarte fragil; cea mai mică perturbație (perturbație care este în general aleatorie) poate provoca dezechilibrul.

Cu cât complexitatea unui sistem, este mai mare, cu atât este mai mare probabilitatea de apariție a unei ANOMALII care să destabilizeze sau să transforme sistemul. Acesta poate fi, în particular, un organism, o societate sau o civilizație oarecare.

*

Cu cât crește numărul gradelor de constrângere, cu atât probabilitatea de a avea loc o anomalie distructivă crește (anomalia distructivă va destabiliza sistemul, va face să crească numărul gradelor de libertate). Invers, cu cât crește numărul gradelor de libertate, cu atât crește probabilitatea de apariție a unei anomalii constructive (anomalia constructivă va face să crească numărul gradelor de constrângere); unei constrângeri medii și unei libertăți medii, îi va corespunde o probabilitate medie de apariție, fie a unei anomalii constructive, fie a unei anomalii distructive.

BIBLIOGRAFIE SELECTIVĂ

BARROW J, D – "Originea Universului", Editura Humanitas, București, 1994

BĂRBULESCU N,-"Bazele fizice ale relativității einsteiniene", Editura științifică și enciclopedică,

București, 1979

BORCIA C – "Destinul vieții în Univers" (eseu științifico-fantastic),

ISBN 973 – 0 - 03143 – 3, regie proprie, Bucuresti, 2003

BERNHARDT H., LINDNER K., SCHUBOWSKI. - "Compendiu de astronomie" - Editura All Educational, Bucuresti, 2001

BOURBAKI Nicolas –"Arhitectura matematicii", în volumul "Logică și filozofie - orientări în logica modernă și fundamentele matematicii", Editura Politică, București, 1966

COURANT R., ROBBINS H. -"Ce este matematica ? Expunere elementară a ideilor și metodelor", Editura Științifică, București, 1969

DABA DUMITRU – "Dialectica naturii și gândirea teoretică modernă. Dialog asupra lumii fizice", Editura Facla, Timișoara, 1981

DAVIES P – "Ultimele trei minute. Ipoteze privind soarta ultimă a Universului", Editura Humanitas, București, 1994

DEMETRESCU G., PÂRVULESCU C., - "Galaxii în univers", Editura Științifică, București, 1967

DISSESCU C., A., et al – "Fizică și climatologie agricolă", Editura Didactică și Pedagogică, București, 1971

DUCROCQ ALBERT – "Romanul materiei", Editura Științifică,

Bucureşti, 1966

FELECAN FLORIN – "Cunoaşterea experimentală" în "Teoria cunoaşterii ştiinţifice", Editura Academiei, Bucureşti, 1982

FLEROV G.N., ILINOV S.–"În căutarea elementelor supragrele", Editura Tehnică, Bucureşti, 1983.

FLYNN MIKE - "Infinitul în buzunarul tău. Peste 3000 de teoreme, informaţii şi formule", Editura Semne, Bucureşti, 2008.

FOLESCU CECIL – "Există inteligenţă extraterestră ?", Editura Albatros, Bucureşti, 1991

GAMOW G. - "Unu, doi, trei... infinit", colecţia Lyceum, Editura Tineretului, 1967

HAWKING ST. W – "Scurtă istorie a timpului. De la Big Bang la găurile negre"
Editura Humanitas, Bucureşti, 1995.

LASZLO ERVIN – "Ştiinţa şi câmpul akashic. O teorie integrală a tuturor lucrurilor", ProEditură ipografie, Bucureşti, 2009

MARE C. – "Introducere în ontologia generală", Edit. Albatros, Bucureşti, 1980

MERLEAU-PONTY J – Cosmologia secolului XX, Editura Ştiinţifică şi Enciclopedică, Bucuresti, 1978

NEACŞU C, - "Informaţia biologică", Editura Ştiinţifică şi Enciclopedică, Bucureşti, 1982

PORTELLI C. –"Dialectica informaţională a naturii", Editura Ştiinţifică, Bucureşti, 1992

REES M – "Doar şase numere. Forţele fundamentale care modelează Universul", Editura Humanitas, Bucureşti, 1999

RESTIAN A. – "Unitatea lumii şi integrarea ştiinţelor sau integronica", Editura ştiinţifică şi enciclopedică, Bucureşti, 1989

SAGAN C – "Creierul lui Broca – De la Pământ la stele", Editura Politică (Colecţia Idei Contemporane), Bucureşti, 1989.

SILVER M. LEE – "Clonarea umană un şoc al viitorului", Editura Lider, Bucureşti, 2001

TALBOT MICHAEL – "Universul holografic", Editura Cartea Daath, Bucureşti, 2004

TORÓ T., "Fizică modernă şi filozofie", Editura Facla, Timişoara, 1973

***- "Dicţionarul de Filozofie", Editura Politică, Bucureşti, 1978;

*** - "20 de scenarii despre catastrofe cosmice imaginate de Isaac Asimov" (în Orfeu / Orion -1, 1988, Supliment de literatură ştiinţifico-fantastică, pag. 17, traducerea Marius Stătescu);

*** - Agenda tehnică", Editura Tehnică, Bucureşti, 1990;

*** http://ro.wikipedia.org/wiki/Univers, date cf. revistei germane "Spektrum der Wissenschaft" 11/2008, p.38. ; *** http://ro.wikipedia.org/wiki/Univers, 2009; *

** http://www.scientia.ro/50-mecanica-cuantică, 15.02.2009;

*** http://www.descopera.ro – " Cate universuri exista in multivers", 20 octombrie 2009, Sursa: Technologyreview. ; *** http://www.descopera.ro – "Universul nostru se afla intr-o gaura neagra?", 06 ianuarie 2010, Sursa: Dailygalaxy.

DESPRE ACEASTĂ CARTE

Ce aplicaţii sau ce urmări pot avea consideraţiile prezentate în paginile precedente ? Nu am nici cea mai vagă idee, deocamdată... Oricum, aş îndrăzni să sper că se sugerează unele idei privind Universul, pe de o parte, iar pe de altă parte, se atrage atenţia asupra faptului că în orice activitate, în orice prognoză sau în orice planificare de orice natură ar fi (economică, socială, planetară, etc.) trebuie să se aibe în vedere relaţiile dintre informaţiile, energiile şi substanţele disponibile la un moment dat; spre exemplu cine vrea să facă o planificare economico-socială trebuie să aibe în vedere că dacă vrea să obţină mai multe informaţii şi în special informaţii de calitate sau de profunzime trebuie să ştie că are nevoie să cheltuiască o cantitate considerabilă de energie sau de materiale (substanţe); dacă va vrea să obţină mai multă energie, trebuie să dispună de informaţii suficiente şi rafinate sau de materiale adecvate; nu va fi posibil să aibe totul: şi informaţii şi energie şi substanţe (resurse materiale), va trebui să aleagă... Cine vrea să facă o prognoză sau o profeţie trebuie să ştie că aceasta înseamnă de fapt o informaţie şi pentru a obţine acea informaţie, trebuie să consume o anumită cantitate de energie sau de substanţă (materiale); cu cât informaţia este mai profundă (deci prognoza sau profeţia este de calitate, este mai veridică sau mai credibilă), cu atât energia cheltuită va trebui să fie mai mare, altfel la informaţie superficială va corespunde o energie superficială şi invers... Nu se poate altfel...

În definitiv, *BLAISE PASCAL avea dreptate:*

"Întreagă aceastã lume vizibilã nu-i decât un punct imperceptibil în sânul vast al naturii. Nici o idee nu se apropie de ea. În zadar umflãm concepţiile noastre

dincolo de spațiile imaginabile, noi nu dăm naștere decât la atomi în comparație cu realitatea lucrurilor. Este o sferă al cărei centru e pretutindeni, iar circumferința nicăieri."

Așa este... Cu cât Universul devine mai complex, cu atât cunoașterea acestuia (respectiv obținerea de informații despre Univers) va fi mai dificilă, va implica mai multă energie, mai multe substanțe, mai multă tehnologie și mai multe metode de cercetare, adică, mai multă imaginație și mai multă libertate de gândire...

Cu bine, cu pace...
Mulțumesc pentru atenția acordată.
Cu deosebită considerație,
Constantin M.N. Borcia

TEXTS IN ENGLISH - FRAGMENT

THE COMPLEXITY OF UNIVERSE AND LIMITS OF KNOWLEDGE (COSMOLOGY FICTIONAL ESSAY)

INTRODUCTION

Between the data provided by the observation and experiment devices and the data interpretation, according as the resulted information is more complicated and more profound, there is a gap in time, namely it is necessary a longer period of time for processing this information. For example, there is a significant gap between the data provided by the satellites and the data study, analysis and interpretation and, consequently, there are delayed things like to take decisions and to solve major problems. On the other hand, there are situations when hypothesis are necessary, when the experimental and observation data are unavailable, are insufficient or cannot be obtained for various reasons. In these conditions, it is very useful to create some hypothesis and to formulate them long time before the data are obtained, even if subsequently it will be demonstrated that these hypothesis are false, inconsistent or maybe naïve. In such a situation there are also the issues connected to the energy and mass conservation and the conservation extension upon the information too; thus, the implications of this extension in knowledge fields considered to be just on the line, as there are the astrobiology and the cosmology, are strongly hypothetical.. The risk is major, because the objection could be the fact that they are fantasies, or they are too naïve, or the contrary.

However, any attempt could be useful, for anyone who has good intentions and who hasn't preconceptions.

Knowledge and hypothesis

In the frame of the scientific knowledge development it is a relation between the logical and mathematical development, limits and possibilities and, respectively, the technology development (observation and experiment) and its possibilities. There are possible the following situations:

▶ synchronism situation – the logical and mathematical knowledge corresponds to the technological development stage (observation and experiment); in this case the knowledge is sure, the reality is described surely; but this is a limited, zonal, "in the field" knowledge;

▶ diachronic situation – the logical and mathematical knowledge does not correspond to the technological development stage (observation and experiment); there are two cases:

=> The logical and mathematical knowledge is more advanced than the technological development stage; in this case, the knowledge remains in a logical and mathematical hypothesis stage; it appears the necessity of checking and underlining a phenomenon, an effect, a process, a situation asserted by the logical and mathematical theory;

=> The logical and mathematical knowledge is less advanced than the technological development stage (observation and experiment); in this case, the knowledge remain in the problematic sphere; it appears the necessity of giving an explanation for a fact underlined by observation or experiment;

Therefore, in the field of the science, either it is experimented and appears a fact, a phenomenon, an effect, a process and then this one should be explained (being correlated to other theories already known or elaborating a specific theory for the fact, phenomenon etc.), or it is elaborated a theory of a supposed scientific fact, which should be demonstrated by observation or experiment.

Both in the synchronism situation and in the diachronic one, there are made scientific previsions.

Between experiment and theory are closely (figure 1).

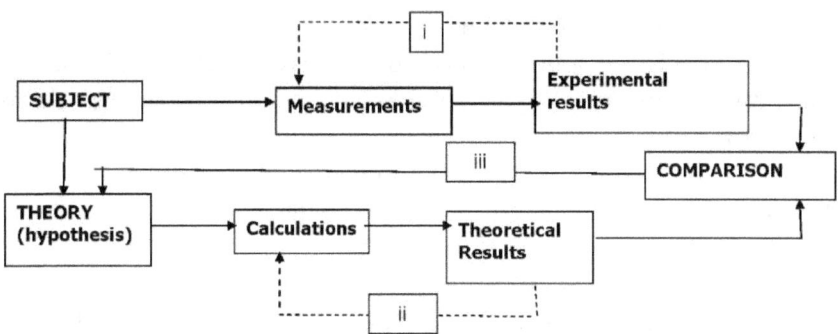

Figure 1 The relationship between experiment and theory (standard situation)

i - correction (measurement error); ii - corrections (errors mesh) iii - restructuring theory.

Note here the theory and functions: 1) control function (check the content of the theory), 2) office design, 3) function exploration (random experiment).

Except this, it is necessary to make the following specification connected to the so-called *hypothesis risk*. The hypothesis risk is a rapport, on one hand, between the *comprehensibility* or *intelligibility* (therefore the hypothesis should be understood), and, on the other hand, *acceptability* (a hypothesis should be accepted, to a certain extent, by a certain people group) and *strangeness* (a hypothesis should contain something new and, if possible, something striking, in order to attract the interest and to generate other possibilities, other modalities of interpreting facts, phenomena or the reality itself). A hypothesis always supposes a risk for that or those who formulates it, because it could lead, in the most unfortunate case, to the discrediting of the author or authors, if the hypothesis will be demonstrated as false, too strange or, on the contrary, too less interesting, or unintelligible or, finally, is too less accepted.

Another aspect is constituted by the development manner within the science: or it is emphasized a new qualitative fact, or it is foreseen the existence of a connection between two or more special qualitative facts.

The influence of the technology upon the scientific hypothesis and theories is special. On the other hand, if the level reached by the technology is insufficient, so that the technology is not able to validate a theory or a hypothesis, these ones will be rejected because of lack of proofs or there will be necessary years and years until there will be available adequate technique modalities and, correlated to that, a very sophisticated - in the most of the cases - of a mathematical apparatus, necessary for validating or invalidating these hypothesis and theories.

Finally, some remarks could be done, regarding the reality and its limits, and also the human knowledge possibilities.

The reality reported to the knowledge could be understood as follows:

a) the inaccessible unknown objective reality – the reality that exists objectively, independently of the human knowledgeable subject who effectuates the knowledge act and who remains out of the knowledge possibilities;

b) the accessible unknown objective reality – the reality is unknown at a certain moment of the human knowledgeable subject evolution;

c) the objective known reality – the reality is known by accumulating facts, observations, experiments etc.;

d) the hypothetical reality – the reality is due mostly to the human knowledgeable subject, to its subjectivity;

On the other hand, between the limits of the human knowledge could be mentioned:

- the conceptual limitation that derives from the limited capacities of the intellect, in the logic, mathematics, psychology sphere as well as from the capacity of generalizing, abstracting, analyzing and synthesizing;

- inductive-technological limitation that derives from the possibilities, also limited, regarding the observation and experiment capacity;

- biological limitation – limitation due to the "organic substratum", which imposes a series of restrictions;

- social, historical and economical limitation – this limitation is due to the fact that the human subject suffers major influences from social and historical point of view, and, on the other hand, suffers influences from economical point of view too; thus, the knowledge will be limited by the social development and by the historical stage in which the human subject is included, as well as by his economical state;

In conclusion, the reality being so various and in a continue exchange, transformation and making, it appears as being very complex to the human knowledgeable subject. The reality could be known by various means that underline, after all, the connections between its various sides or fields. A possibility of knowledge is represented by the hypothetical knowledge. This knowledge is based especially on hypothesis. Some hypotheses are conventional, when they derive directly from some theories, others are *unconventional*, when, on the contrary, they do not derive from theories. The *unconventional* hypotheses have, inevitably, deficiencies and limits, but they open certain possibilities to the reality knowledge.

Generalized conservation and generalized equivalence

Firstly, it is necessary to define some important notions, respectively the notions connected to the substance, energy, and information. They have a big degree of idealization, however, theoretically they could be defined as follows:

Substance – generally, means "which has consistence", "which can interaction";

Energy – generally, means "which generates action" and, at the same time, "which sustains a certain stability";

Information – in the most general sense, means "which generates a certain order and sustains a certain evolution"

Further on, the problem is discussed as follows:

It is known that in any process, the energy and substance quantities are conserved, thy are not "lost" or "increased", but they are transformed from a form to another. Generally, this principle could be extended, namely in any process the substance, energy and information quantities are constant (are conserved).

An example that illustrates the previous affirmation is the following case. During the chemical reaction for obtaining the molecule of hydrochloric acid, the quantities of substance (mass), energy – contained by the molecules of hydrogen and chlorine and that provided by the reaction environment (electromagnetic energy), as well as the quantity of information stored in the molecule of hydrogen and chlorine, are conserved, and, in other words, they are contained in the resulted molecule, respectively, in the hydrochloric acid molecule.

Moreover, the hydrochloric acid molecule properties are due to the mixing or compounding of the information contained by the "simple" molecules of hydrogen and chlorine.

Lavoisier defined the Law of the conservation as follows: "In nature, nothing is lost, nothing is created, all is changed." In thermodynamic, the energy conservation is defined as the energy entered in the system is equal with the energy that goes out from the system, name ly it is not possible to lost or create energy.

$\Sigma \ E_j$ = constant (E_j – sum of the energy quantities of some components "j" of an ensemble or system or process.)

Within the nuclear physics, the mass conservation, the impulse conservation, the kinetic moment conservation, the spin conservation etc. are fundamental laws. The mass conservation shows that the sum of the masses entered in a nuclear reaction is equal with the sum of the masses that go out from the nuclear reaction, respectively : $\Sigma \ M_j$ = constant, $\Sigma \ S_j$ = constant, where S_j , (M_j) – sum of the substances (mass) quantities of some components "i" of an ensemble or system or process.

Regarding the information conservation, this is not so obvious and its formulation is more difficult. However, there are various intuitions upon it. Between the oldest formulations of this "law", it is also one that could be found in the *"Bible"*, in the *"Ecclesiastes"*: *"What has been will be again, what has been done will be done again; there is nothing new under the sun."* (Chapter 3.15). But a certain recognizance of the information conservation wasn't made. As in the case of the energy and mass (substance) conservation, the information is conserved too. After all, the information cannot appear from nothing and also cannot disappear. Thus, essentially, it could be asserted the same thing. In any process, the sum of information quantities (that enter or go out from the system) is constant: $\Sigma \ I_j$ = constant.

Therefore, it could be done a generalized formulation of the energy, substance (mass) and information: for ay system and in any process the energy, mass (substance) and information quantities are constant : { $\Sigma \ E_j$, $\Sigma \ S_j$, $\Sigma \ I_j$ } = constant

Substance (mass), energy and information are interdependents (Figure 2).

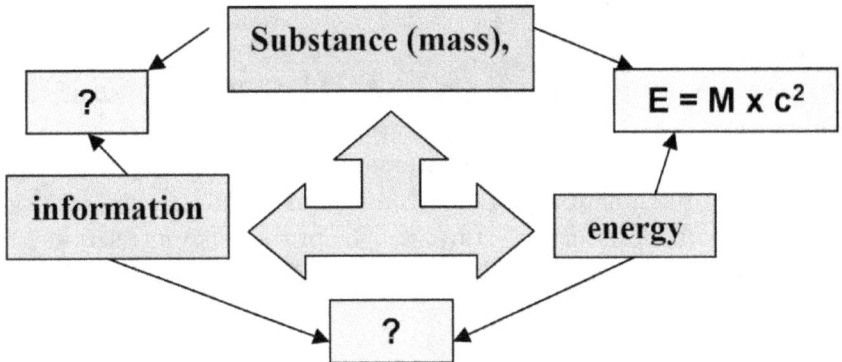

Figure 2 Substance (mass), energy and information are interdependents

The generalized conservation involves the generalized equivalence, which could be succinctly formulated as follows: the substance, energy, information quantities are equivalent.

Obvious possibilities:

a) In a process, a certain information quantity is equivalent with certain substances and energy quantities;

b) A certain substance quantity is equivalent with certain information and energy quantities;

c) A certain energy quantity is equivalent with certain substance and information quantities;

Any increase of information can be done on the basis of the substance and energy transformation or consuming (in the case of a finite close system).

A particular case of equivalence was underlined by Albert Einstein, through his famous formula $E = M \times c^2$, through which it is shown the equivalence between energy and mass substance).

On the equivalence (also called Einstein relationship of interdependence between mass and energy), it can be described as:

" *For any changes of the mass of a body it corresponds a variation of energy and any changes in energy it corresponds a variation of mass.*"

For example, if a nucleus is formed, will have to issue an amount of energy equivalent to reducing mass.

For the equivalence relations substance (mass) – information, then energy – information and respectively substance (mass) – energy – information, the relations seem to be more complicated. But there are some evidences of formalizing these relations. A possibility could be, for the equivalence relation information – energy, to try a formula

of type:
$$I = \frac{a\hbar}{kT} \exp(bE)$$
,

where: a, b – constant, h – the reduced Plank constant, k – Boltzmann constant, and I and E are the information, respectively energy quantities, T is the temperature of the finite close system).

Another possibility would be to start from the Heisenberg relation of indetermination energy – time and from the Shanon relation for information, obtaining finally simultaneous relations of the type:

$$E = I \times \frac{\hbar}{i}, \text{ or } \quad E = \left(-\sum_i Pj \log Pj \right) \times \frac{\hbar}{i}$$

Simultaneously with the indetermination information – time (analogue to the Heisenberg relation of indetermination energy – time): $\Delta I \times \Delta t \geq i$

where E – energy, I – information, h – reduced Plank constant, i – the elementary constant-limit of information (which is not necessarily equal with one bit - second), $\sum P_j \log P_j$ – probabilies sum of the statistical fields multiplied with the logarithm of these probabilities.

From here it results directly, for the information – substance (mass) relation: , and also, simultaneously with the indetermination in informational interval – temporal interval $m = I \times \hbar/ic^2$:

where m – mass, and c^2 – the square of the light velocity.

ΣSj – sum of substance (mass) quantities of some components "j" of an ensemble or system or process; ΣEj – sum of energy quantities; ΣIj – sum of information quantities, where Kj – constant, and the sign Σ is the "addition" or the "generalized sum".

In the context of the generalized conservation, there could be done the specification that there are the following particular situations (where the symbol " 0" means "tends asymptotically to zero"):

a) if $\Sigma E_j \rightarrow 0$, $\Sigma H_j \rightarrow 0$, then $\Sigma S_j = K_j$, namely the law of the mass (substance) conservation;

b) if $\Sigma S_j \rightarrow 0$, $\Sigma H_j \rightarrow 0$, then $\Sigma E_j = K_j$, namely the law of the energy conservation;

c) if $\Sigma S_j \rightarrow 0$, $\Sigma E_j \rightarrow 0$, then $\Sigma I_j = K_j$, namely the law of the information conservation.

From here it results that the main types of processes are: substantial (mass), energetic, informational processes. On the other hand, there are the following situations:

1) when $\Sigma I_j \rightarrow 0$, then $\Sigma S_j \; \square \; \Sigma E_j = K_j$ - these are *physical-chemical*

(natural) or dynamic processes;

2) when $\Sigma S_j \rightarrow 0$, then $\Sigma E_i \ \square \ \Sigma I_j = K_j$ - these are *energetic-informational processes;*

3) when $\Sigma E_j \rightarrow 0$, then $\Sigma S_j \ \square \ \Sigma I_j = K_j$ - these are *substantial-informational processes;*

4) when $\Sigma I_j \rightarrow 0$ and $\Sigma E_j \rightarrow 0$, then $\Sigma S_j = K_j$ - these are *substantial processes;*

5) when $\Sigma I_j \rightarrow 0$ and $\Sigma S_j \rightarrow 0$, then $\Sigma E_j = K_j$ - these are *energetic processes;*

6) when $\Sigma E_j \rightarrow 0$ and $\Sigma S_j \rightarrow 0$, then $\Sigma I_j = K_i$ - these are *informational processes;*

7) when $\Sigma S_j \ \square \ \Sigma E_j \ \square \ \Sigma I_j = K_j$ - these are *general (complex) processes.*

Hypothesis about THE LARGE UNIVERSE

The Cosmology is science already well defined and in true evolution, and refers to the study of the Universe (origin, evolution, models).

Why galaxies have appeared and, generally, why the Universe has appeared, in the way in which it appears at present to us? According to the scientific data, the image of an expanding Universe is configured, which would be the result of the "Big Bang" and which have had an initial moment from where or from which it would have started its evolution. On the other hand, according to another model (which is at present less accredited), respectively the model of the stationer Universe, it is shown that matter would be continuously generated, the space being infinite and the time endless. But none of the both models do not specify the global character of the Universe existence, namely purely why it exists and why it is as it is at present and moreover, in the case of the stationer model, why the space is infinite and the time is endless ?

A hypothesis would be the following:

The present Universe - so that we know it – belongs to a hypercomplex ensemble (an unimaginable complexity), it is only a fragment of this ensemble, named the BIG UNIVERSE...

It could be even asserted that the present Universe dues its existence to some ways of existence, attributes, existence forms, structures and processes unknown at present, and which generated, "finally", the Universe existence itself (Figure 3).

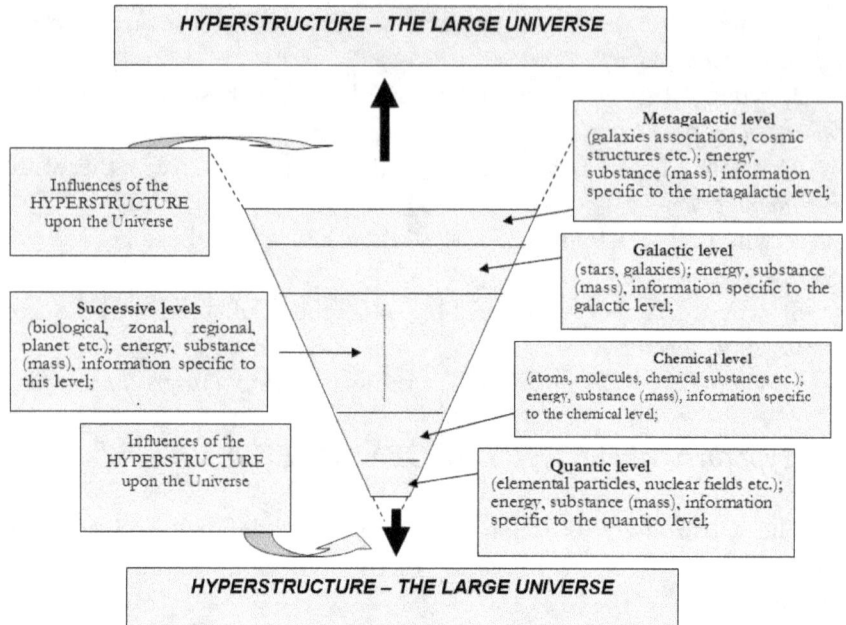

Figure 3. UNIVERSE Integration within the HYPERSTRUCTURE (simplified hypothesis)

Regarding "our" Universe, it seems to have three fundamental stages of evolution: informational stage (starting with the Big Explosion), energetic stage (or radiative), subsequent to the Big Explosion) and substantial stage (or mass), stages that are repeated, during its evolution, on other levels. In this frame, the information stored in singularity was transformed in radiant energy and, further on, it was transformed in substance (atoms, molecules, cosmic ensembles, stars, galaxies etc.), all these conforming to a generalized equivalence.

Moreover, to continue these non-conventional hypotheses, we can assert that, as the time has passed (tens of billions of years), the so-called super-hard chemical elements will be synthesized, namely the elements with nucleus with very big mass numbers, for example with the protons number close to 115 and neutrons number of about 184. These elements will open the series of substance with a very big stability, with special properties, but which, at the same time, will cumulate the mass and respectively the gravitation from the Universe.

The so called black holes will be preponderant, but at the same time they will also store the information occurred in the Universe during its evolution, being a synthesis study in which the energy, information and substance will be in balance, after which, it will be a collapse of the Universe and a constraint of it in a final singularity state... (Figure 4).

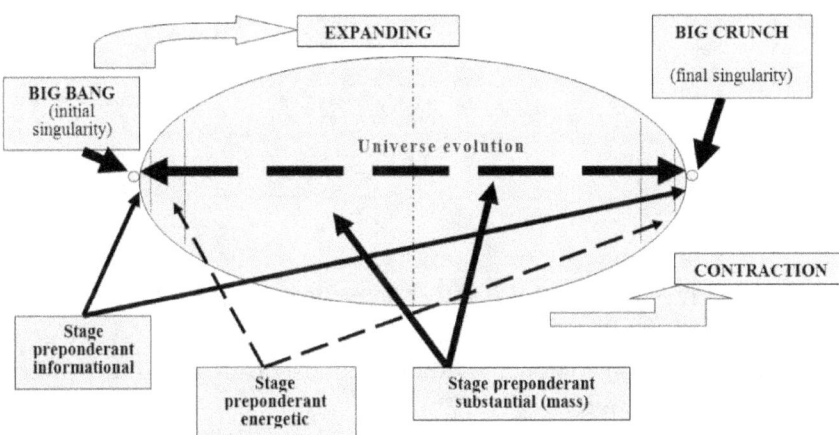

Figure 4 Stages of the Universe evolution conforming to the hypothesis expanding – contraction

The general pulsate evolution of a Universe – another possibility

There are successive stages, starting with a "protosingularity" and include "evolutions of stage".

Successive Universes that pass within the internal general stages, respectively the stages "information – energy – substance". After every evolution, the Universe becomes more and more "finely shaded", more complex, "bigger", until reaches a certain limit of global evolution, when takes place the "VERY BIG CRUNCH", when singularities and/or protouniverses are generated. Schematically, the situation seems to be the following (Figure 5).

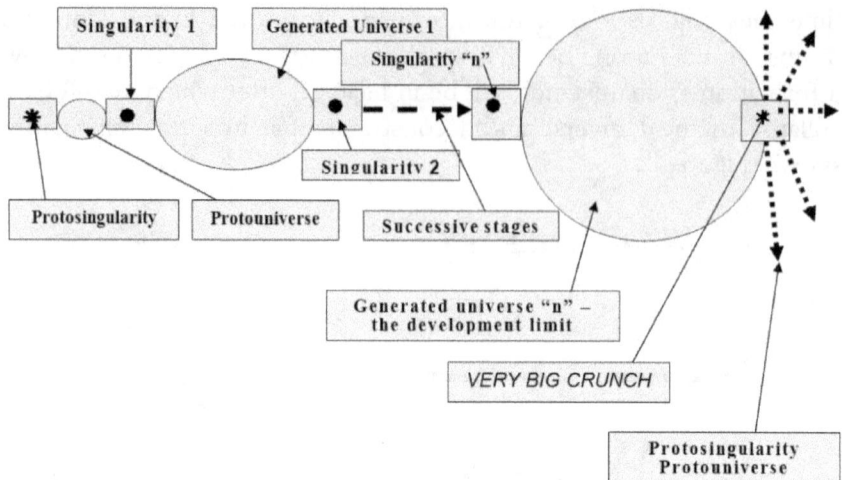

Figure 5 The pulsate evolution of the Universe (simplified scheme)

It could be considered that there are also other finalities of the Universe, for example:

Either the indefinite expanding, or transfinite implosion, or indefinite pulsate evolution (the figured situation, but without the "very big crunch"), or explosions successions generating protouniverses and singularities.

On the other hand, there should be taken into consideration the connections of "our" Universe with other Universes, with other entities from the HYPERSTRUCTURE, so that the collapsing Universe scenario being just a possible one. There could be considered the existence of one Creator for an Universe, simultaneously with the Hyperuniverse's existence including the Creator itself and the created Universe (Figure 6).

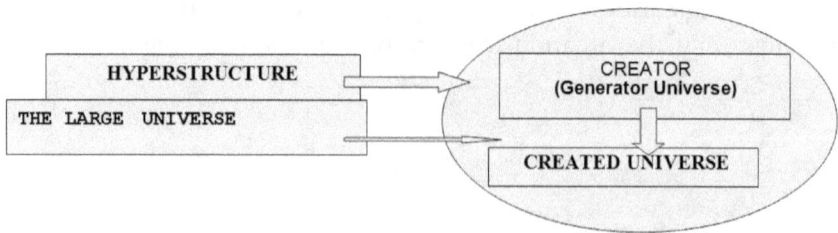

Figure 6 Hypothesis about the CREATOR (generator universe)

Conclusion

The present Universe is a fragment of a hypercomplex ensemble that I have named HYPESTRUCTURE or THE LARGE UNIVERSE or HYPERUNIVERSE.

The space and the time, as they are known at present, have also properties that we don't know and that could form the HYPERSTRUCTURE and Metastructure (respectively the frame or the modality of organization of the BIG UNIVERSE). They are not known at present. "Our" Universe is influenced by the HYPERSTRUCTURE to which it belongs. How?

The influences are difficult to be emphasized, because of the level to which they take place, on one hand, and, on the other hand, because of the fact that we don't know this HYPERSTRUCTURE. However, we could imagine this.

Let the accepted case of the expanding Universe or the model of the Inflationist Universe. Because of some causes from the HYPERSTRUCTURE, the Universe origin is a "big explosion", the so-called "Big Bang". Then, it took place the topons and cronons condensation – respectively the condensation of the space and time quantes -, then the substance condensation, the formation of the structures or "quantic" edifice and then chemical and cosmic...

A FRAGMENT

In other news, one can sketch an alternative representation of the universe as follows (which it may well be the correct one) ...

Universe "our" is actually a universe PARTLY characterized among other things by spatial-temporal continuity, (that is a continuum space-time) ... According currently dominant conception, the universe arose as a result of what was called BIG BANG and will disappear as a result of a final catastrophe called by some, higher breakage - "BIG CRUNCH '... Within these limits, space and time shows no discontinuity ... But what nobody knows is what was before the two limits: appearance - disappearance ... Some say it is nonsensical to ask what was before the advent of the universe and what will after his disappearance ... it's like, say that it is nonsensical to ask what was before man and what will be after his disappearance ... well, I think it is not at all nonsense ... it is nonsense to those who can are content with a vision convenient, simple and comfortable for those who imagines that almost nothing can be known, that all that is known is perfect, it is immutable ...

No idea how long are wrong ...

Well, after all, can I assume ... Just as Democritus and could assume that nature is made up of atoms was right ... And finally ... So I can only assume Universe "our "Universe is actually a partly characterized by continuity space-time ... This Universe is but a part, a fragment of a Megaunivers - called Integral universe or otherwise, that forms part of a series of Universes Partial and all these universes Partial - characterized by continuity space-time - form a Megaunivers (Integral Universe) ... This Universe Integral spatio-temporal discontinuities - these discontinuities are actually limits Partial Universes ... further ENTIRE UNIVERSE is included in HYPERSTRUCTURE (MULTIVERSE).

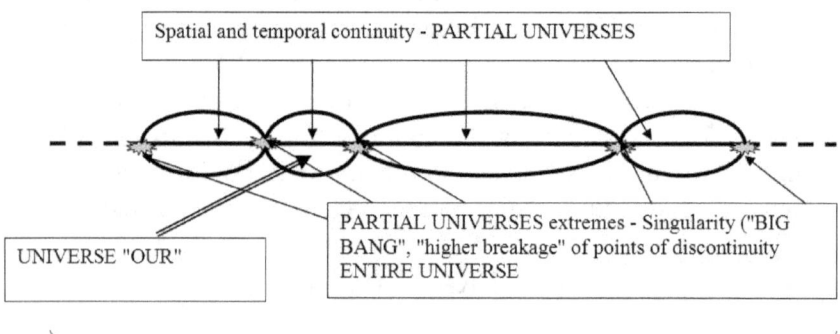

So I could I explain what it was before the "big bang" and what will be after "higher breakage" ... I could I explain to a certain extent which is beyond time and space Plank and that space and Hubble during ... Indeed, it is much more natural, logical to assume that the universe "OUR" is included in a structure higher than to say that it is absurd to wonder what was before ... BIG BANG ...

The two extremes of the Universe "our" are:

- The smallest fragment of space and time, the so-called limits Plank:

• Planck length $l_P = 1.61609735 \times 10^{-35}$ m;

• Planck time $t_P = 5.3907205 \times 10^{-44}$ s.
- Most currently accepted limit of the Universe:
• Hubble diameter (the diameter of the visible Universe): 96 (+/- 4) • 10^9 Ani light
• During Hubble (age of the universe): 13.77 • 10^9 years
(Https://ro.wikipedia.org/wiki/Univers data)
So within these limits, we can speak of a space-time continuum, between these limits, they can develop all sorts of structures and can be all sorts of processes that can be more or less complex; but will not be infinite complexity but will have a certain limit, depending on the energy, the substance (or mass) and information stored or circulated in the universe ...
(https://translate.google.com/#ro/en/un%20fragment)

BIBLIOGRAPHY – SELECTIVE

BARROW J, D (1994) – Originea Universului, Ed. Humanitas, București

BORCIA C (2003) – Destinul vieții în Univers (eseu științifico-fantastic),
ISBN 973 – 0 - 03143 – 3, regie proprie, București

DAVIES P (1994) – Ultimele trei minute. Ipoteze privind soarta ultimă a Universului, Ed. Humanitas, București

DISSESCU C., A., et al – "Fizică și climatologie agricolă", Editura Didactică și Pedagogică, București, 1971

FELECAN FLORIN (1982) – "Cunoașterea experimentală" în "Teoria cunoașterii științifice", Editura Academiei, București

HAWKING ST. W (1995) – Scurtă istorie a timpului. De la Big Bang la găurile negre, Ed. Humanitas, București

MERLEAU-PONTY J (1978) – Cosmologia secolului XX, Ed. Științifică și Enciclopedică, București

REES M (1999) – Doar șase numere. Forțele fundamentale care modelează Universul, Ed. Humanitas, București

DESPRE AUTOR

Constantin M. N. BORCIA : 1956, octombrie, 23; Facultatea de Fizică - Universitatea Bucureşti – 1986; doctor Chimie – Universitatea „Politehnica", 2005, Bucureşti.

Cărţi publicate:

• „Viaţa mea este ca un labirint (Jurnal oniric)" ŞI „Destinul vieţii în Univers" (Anexa : Moartea şi supravieţuirea), regie proprie, ISBN 973–0 – 03143 – 3, Bucureşti, România, 2003.

• „Modelarea matematică a proceselor radiochimice în funcţie de regimul hidrologic al sedimentelor dintr-un anumit sector al fluviului Dunărea" – teza doctorat, Universitatea „Politehnica" Bucuresti, Bucureşti, octombrie, 2004.

• „Acolo cineva veghează (proza fantastică şi poezii exis tenţiale)", Editia semnal, Editura Printech, Bucureşti, Romania, ISBN (10)973–718–521–8, ISBN (13)978–973–718–521–1, 2006.

• „Chemarea stelelor (poezii existenţiale şi însemnări)", Editura Printech, Bucureşti, România, ISBN 978-606-521-465-1, 2009.

• Tentaţia Necunoscutului (proză ştiinţifico fantastică)" Editura Printech, Bucureşti, România, ISBN 978-606-521-464-4, 2009.

• „Marele mister al Marelui Univers – între realitate şi fantezie", Editura Printech, Bucureşti, ISBN 978-606-521-500-9, 2010.

• „Moartea şi supravieţuirea – între certitudine şi ipoteză", Editura Printech, Bucureşti, ISBN 978- 606-521-501-6, 2010.

• „Destinul vieţii în Univers (eseu ştiinţifico-fantastic)", Editura Printech, Bucureşti, ISBN 978-606-521-533-7, 2010.

• „Dincolo de lumea efemeră (proză fantastică)", Editura Printech, Bucureşti, ISBN 978-606-521-3, 2010.

• „Diversitatea cunoaşterii (reflecţii)", Editura Printech, Bucureşti, ISBN 978-606-521-619-8, 2010.

• „Locuitor în lumea viselor (ficţiuni)", Editura Printech, Bucureşti, ISBN 978-606-521-620-4, 2010.

• „Universul, Viaţa, Conştiinţa – între adevăr şi iluzie (proză fantastică, însemnări, ipoteze)", Editura Printech, Bucureşti, ISBN

978-606-521-672-3, 2011
- „Societatea fără principii (scenete umoristico-absurde), Editura Printech, Bucureşti, ISBN 978-606-521-671-6, 2011
- „Realități subiective (ficțiuni)", Editura Printech, Bucureşti, ISBN 978-606-521-713-3, 2011.
- „Universuri imaginare (ficțiuni)", Editura Printech, Bucureşti, ISBN 978-606-521-712-6, 2011.
- „Un paradis pentru fiecare (scenete umoristico-absurde)", Editura Printech, Bucureşti, ISBN 978-606-521-779 –9, 2011.
- „O lume fascinantă (schițe umoristice)", Editura Printech, Bucureşti, ISBN 978-606-521-778-2, 2011.
- „Misterele Timpului şi libertatea gândirii – eseu ştiințifico-fantastic – Editura Printech, Bucureşti, ISBN 978-606-521-884-0, 2012.
- „Această existență bizară – ficțiuni", Editura Printech, Bucureşti, ISBN 978-606-521-935-9, 2012.
- „Hoinărind printre oameni – schițe umoristice şi două scenete" – Printech, 2013, ISBN 978-606-23-0000-5.
- „Generatorul de idei – proză ştiințifico-fantastică" – Self-Publishing, 2014, ISBN 978-606-8601-61-8.
- „Rețeaua spiritelor – proză ştiințifico-fantastică" – Self-Publishing, 2014, ISBN 978-606-8669-05-2.
- "O iluzie fără sfârşit (jurnalul unui anonim)" – Self-Publishing, 2015, ISBN 978-606-8669-21-2.
- "Realități interzise - proză ştiințifico-fantastică" – Self-Publishing, 2015, ISBN ISBN 978-606-8669-67-0.
- "Some assumptions unconventional: Ideas and suggestions for new research directions" - LAP LAMBERT Academic Publishing, July 15, 2015, ISBN-10: 3659755087, ISBN-13: 978-3659755088, Language: English (http://www.amazon.com/Some-assumptions-unconventional-suggestions-directions/dp/3659755087)
- „Speranța nemuririi - Reflecții despre moarte şi supraviețuire" - www.lulu.com, ISBN 9781329930032, Copyright Constantin M. N. Borcia (Standard Copyright License), Published February 25, 2016, Language Romanian.
- „Mistere fascinante (Fantezii şi reflecții)" - www.lulu.com, ISBN 9781329974647, Publisher: Constantin M. N. Borcia, Copyright Constantin M. N. Borcia (Standard Copyright License) © 2016.

• "Iluzie sau realitate? (Reflecții și fantezii despre misterul vieții și comunicarea temporală)" - www.lulu.com, ISBN 9781365011832, Publisher: Constantin M. N. Borcia, Copyright Constantin M. N. Borcia (Standard Copyright License) © 2016; CreateSpace an Amazon.com Company, Digital Proofer - ISBN-13: 9781530831869, ISBN-10: 1530831865